U0251428

宁波沿海灾害性大风特征

涂小萍　姚日升　廉　亮　蒋璐璐　编著
杨　栋　顾小丽　张晶晶

气象出版社
China Meteorological Press

内容简介

本书得到浙江省自然科学基金(LY15D050001)和宁波市科技计划项目(2012C50044)共同资助,是两个项目成果的总结。第 1 章基于自动气象站测风资料,对宁波沿海灾害性大风气候概况及分布特征进行分析。第 2 章至 4 章基于自动气象站测风、近海梯度风和卫星反演风资料,对沿海浮标站风速与海岛站测风的关系、近地边界层风速廓线特征和 ASCAT 反演风在宁波沿海的评估及应用等进行分析,并对宁波沿海主要灾害性大风的阵风特征进行总结。第 5 章对发生在宁波沿海的 4 个典型的不同天气系统的灾害性大风个例边界层风速特征进行分析。第 6 章对宁波舟山港核心港区的灾害性天气管控特征、港区雾气候特征进行统计分析。所用主要资料包括常规气象观测、浙江省自动气象站观测、多普勒雷达观测、ASCAT 反演风场、NCEP 再分析资料和宁波凉帽山高塔气象要素梯度观测等。

图书在版编目(CIP)数据

宁波沿海灾害性大风特征 / 涂小萍等编著. — 北京:
气象出版社,2018.3
    ISBN 978-7-5029-6752-9

    Ⅰ.①宁… Ⅱ.①涂… Ⅲ.①沿海-大风灾害-研究
-宁波 Ⅳ.①P425.6

中国版本图书馆 CIP 数据核字(2018)第 060089 号

Ningbo Yanhai Zaihaixing Dafeng Tezheng

宁波沿海灾害性大风特征

涂小萍　姚日升　廉　亮　蒋璐璐　杨　栋　顾小丽　张晶晶　编著

出版发行:气象出版社	
地　址:北京市海淀区中关村南大街 46 号	**邮政编码**:100081
电　话:010-68407112(总编室)　010-68408042(发行部)	
网　址:http://www.qxcbs.com	**E-mail**:qxcbs@cma.gov.cn
责任编辑:王凌霄　张锐锐	**终　审**:吴晓鹏
责任校对:王丽梅	**责任技编**:赵相宁
封面设计:吕有田	
印　刷:北京中科印刷有限公司	
开　本:710 mm×1000 mm　1/16	**印　张**:10
字　数:256 千字	
版　次:2018 年 3 月第 1 版	**印　次**:2018 年 3 月第 1 次印刷
定　价:60.00 元	

序

　　宁波是浙江省"一带一路"建设综合试验区,是重要的支点城市,地处东南沿海,位于中国大陆海岸线中段,是中国大运河南端出海口,"海上丝绸之路"东方始发港,东海海域享有"海上黄金通道"称号,也是东部沿海渔民传统的渔场。"宁波舟山港"是"一带一路"重要的枢纽港口,世界少有的深水良港,其货物吞吐量位于全球第一。"宁波舟山港"的发展、海洋资源的保护和开发利用、海上突发事件应急处置,都对海上气象服务提出了更高的要求。

　　海上大风是威胁海上作业的主要海洋灾害,相对陆地而言,对海上天气的监测预报预警难度更大,如何利用先进的探测设施获取更多的海上探测资料,如何提高多种探测资料分析能力,一直是海上预报服务的重点,也是难点。本书通过对多种资料的融合分析,重点探讨了宁波沿海灾害性大风气候概况及分布特征、主要灾害性大风的阵风特征、典型灾害性大风边界层风速特征、"宁波舟山港"核心港区灾害性天气特征和港区雾气候特征,这些研究对港口及沿海气象预报和服务具有参考意义,是一个很好的尝试。

宁波市气象局局长

2018 年 1 月 8 日

前　言

　　浙江地处中国东南沿海长江三角洲南翼,东临东海,南接福建,西与安徽、江西相连,北与上海、江苏接壤,所辖陆地面积 10.55 万平方千米,海域面积 26 万平方千米,是中国岛屿最多的省份,万吨级以上泊位的深水岸线占中国的三分之一以上。渔业、滩涂、港口、航运、旅游、油气、风能等海洋资源十分丰富,宁波舟山港更是天然深水良港,港口经济优势明显。

　　海上大风是威胁海上作业的主要海洋灾害,每年宁波海域 8 级以上大风日数超过 120 天,大风天气系统主要为台风和冷空气,夏季强对流大风也可能造成突发性风灾。海上大风的预报服务一直是沿海各省(区、市)的重要气象业务工作。随着自动测风、多普勒雷达、风廓线仪、沿海高塔梯度观测等建设及卫星反演资料的应用,为宁波沿海大风的精细化分析积累了资料。加强多源探测资料的融合分析技术研究,已成为提高海上大风精细化预报服务的重要手段。

　　本书基于海岛自动站测风、ASCAT 卫星反演风场、近海高塔梯度观测等多种资料的融合分析,对沿海灾害性大风特征和典型灾害性大风边界层特征进行分析,对于沿海大风的预报和服务有参考意义,可以为宁波沿海灾害性大风的精细化预报和服务提供参考,衷心希望读者能在本书中获得有用的知识和信息。由于编者水平有限,书中不当之处敬请读者批评指正。

作　者

2017 年 10 月

目　　录

第 1 章
宁波沿海灾害性大风气候概况

1.1 宁波气象服务海区

　　浙江省海洋资源十分丰富,海岸线总长近 6500 km,约占中国海岸线总长的五分之一,居中国首位。其中大陆海岸线 2200 km,居中国第 5 位。海域面积 26 万 km²,面积大于 500 m² 的海岛有 3061 个,是中国岛屿最多的省份。浙江海洋岸长水深,可建万吨级以上泊位的深水岸线约 290 km,占中国的三分之一以上,10 万吨级以上泊位的深水岸线 106 km。

　　宁波市位于浙江省东北部,北靠杭州湾,南接三门湾,东临东海,行政区内港湾曲折,岛屿星罗棋布,拥有漫长的海岸线。全市海域总面积 8233 km²,海岸线总长1594 km,其中大陆岸线 836 km,岛屿岸线为 759 km,占浙江省海岸线的三分之一。境内不仅有著名的天然深水良港—宁波舟山港,而且还有"两湾一港",即杭州湾、三门湾、象山港。宁波市海洋气象服务责任海区包括宁波北部沿海、南部沿海和宁波外部海域以及杭州湾、象山港、三门湾(图 1.1.1)。根据地理位置不同,从海洋渔业服务角度又划分为 13 个渔场海区(图 1.1.2)。

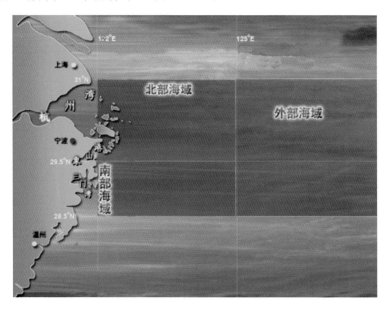

图 1.1.1　宁波气象服务行政海区

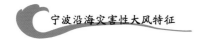

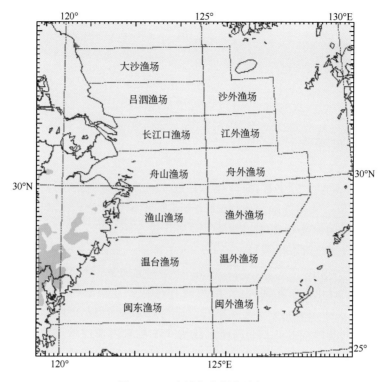

图 1.1.2 宁波气象服务渔场

浙江沿海特别是北部近海岛屿众多,海岸地形复杂,基于国家站的常规观测资料远远不能满足精细化海洋气象业务的需要,而遥感反演的风资料并不适用于大陆近海(Isoguchi et al.,2007;许向春等,2011)。2005 年起浙江省气象部门陆续在浙江近海建设了 120 多个海岛自动气象站,2010 年又投放了 2 个浮标站。这些海岛自动站和浮标站均分布在 123°E 以西,2 个浮标站分别位于 29.75°N,122.75°E(舟山浮标站)和27.55°N,121.4°E(温州浮标站),离岸距离分别约为 47 km 和 70 km。海岛测风资料在一定程度上填补了浙江沿海风力资料的空白,为近海风力精细化分析提供了资料支撑。

1.2 冷空气大风气候概况

灾害性大风是海区风力预报服务的重点。气象业务中,当站点最大风速达到或超过 6 级(10.8 m·s⁻¹),或者极大风速达到或超过 8 级(17.2 m·s⁻¹)时被定义为大风。造成浙江沿海海面大风的天气系统中,冬半年多为冷空气,夏季主要为热带气旋(董加斌等,2007;卢美等,2011),而春、夏季中小尺度强对流也可能造成局地风灾。分析发现,风灾事故占渔船全损事故的 52%,而冬半年突发性的冷空气大风是导致木质渔船出现风灾事故的主要原因(尹尽勇等,2009)。

浙江沿海冷空气大风特征分析仅针对冷空气大风事件进行,距离浙江省大陆海岸线50 km以内的沿海自动气象站点和所有海岛自动站(包括浮标站)均参与近海风力精细化分析。资料时段为2010—2014年冬季(12—次年2月),来源于浙江省气象信息中心。由于自动气象站资料入库保存时都进行了人工审核,应用时没有进行资料质量控制,资料量达到总量95%以上的979个站点参与分析。测风资料选择逐日08—20时和20—次日08时12 h最大风速。当一次冷空气过程最大风速≥6级的站点数达到总数的30%以上则记为一次大风事件,同一次冷空气过程如果08—20时,20—次日08时均达到大风事件标准,按就大原则统计过程风速。大风事件次数以包含关系计数,如某站某日08—20时出现8级最大风力,则该站6级、7级、8级大风事件各计1次。2010—2014年冬季(12—次年2月)共计12个月361天中,浙江近海共发生冷空气大风事件116次。

分析结果表明,浙江沿海冷空气大风以西北、偏北和东北大风为主。图1.2.1 a～c分别为西北(a)、偏北(b)和东北(c)冷空气大风时浙江省陆地及近海海面等风速

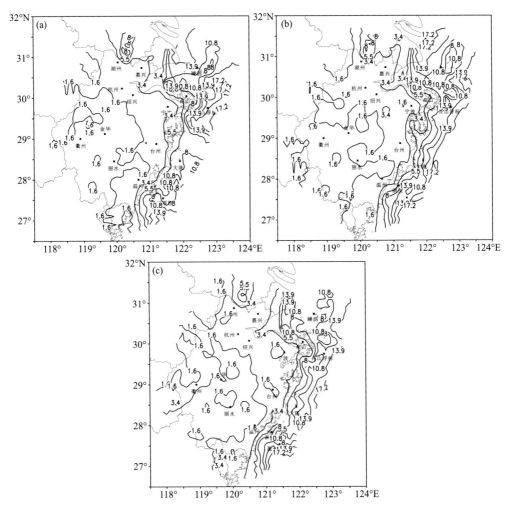

图1.2.1 浙江省冬季冷空气西北(a)、偏北(b)和东北(c)大风时等风速线空间分布(单位:m·s^{-1})

线空间分布。可见海面风速明显大于内陆,等风速线平行于海岸线自西向东逐渐增大。除宁波到温州一带沿海地区平均风速达到 4 级(5.5 m·s^{-1})外,陆地风力均在 3 级或以下,沿海地区及舟山群岛风力可达 5~6 级,7 级以上大风一般出现在距离海岸线 40 km 以上的海区,可见冷空气大风事件仅可能发生在沿海地区和近海海面。

冬季浙江近海不同等级风力出现概率空间分布与平均风速相似,图 1.2.2a~d 为浙江省冬季 5 级、6 级、7 级和 8 级及以上风力出现概率:浙江省内陆地区出现 5 级以上风力的概率一般小于 5%,仅局部山区和杭州湾口出现 5 级风力的概率达到 5%~10%,太湖湖面一般不会出现 7 级以上大风,出现 6 级风力的概率不到 20%。浙江省中部和南部沿海等值线均平行于海岸线自西向东快速增大。浙北沿海大风概率分布则相对复杂,在长江口南部的杭州湾开阔水域、嵊泗列岛以南与东极岛一

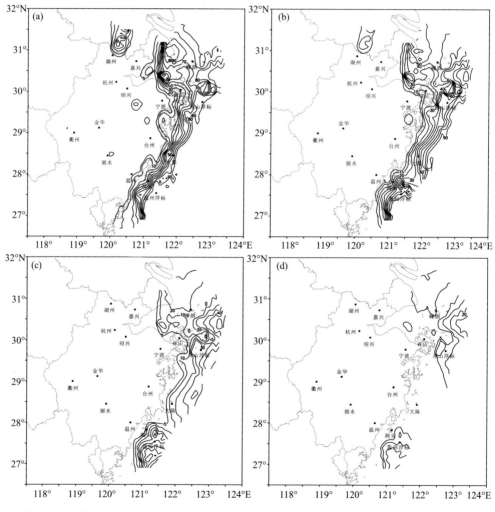

图 1.2.2　浙江省冬季冷空气 5 级(a)、6 级(b)、7 级(c)和 8 级及以上(d)大风概率分布(%)

东福山以北、以及舟山本岛以东与东极岛—东福山以西都是大风发生概率相对高的海区,这些海区无面积较大的岛屿,风力受地形影响较小。大风出现概率随风力等级的增大而减小,在舟山浮标站以南海区,距离大陆海岸线 30 km 以上的沿海海面冬季 5 级风以上概率高达 80% 以上,6 级以上大风概率为 60%～80%,而 7 级以上风力的概率仅 20%～40%,8 级以上则不到 10%,且范围很小。可见冬季浙江省大部近海海区出现 5～6 级风力很常见,但 7 级以上风力概率明显降低,而 8 级以上风力概率和出现海区都较小。相同等级的风力在浙北沿海岛屿较少的开阔海区出现概率相对高。浙江中南部沿海大风发生概率的等值线基本平行于海岸线,且自西向东快速增大,相同等级的风力在距离海岸线 30 km 以上的海区发生概率明显增大。海区风力预报和服务需要考虑这种精细化分布和变化。

1.3 热带气旋大风气候概况

影响浙江的热带气旋(tropical cyclone,TC)主要出现在夏半年,其灾害直接表现为强降水、强风和风暴潮等(薛根元等,2006;梁军,2007;赵领娣等,2011;肖玉凤等,2011)。对浙江沿海有直接影响的 TC 中 40% 登陆,这一类 TC 一般稳定西北行,强度强,在厦门以北到浙江沿海登陆,往往给浙江陆地和沿海带来狂风暴雨,18.9% 在 125°E 以西紧靠浙江沿海北上,主要灾害是海上大风(刘爱民等,2009)。TC 影响时,不同风向均可能在浙江近海产生大风,且不同风向等风速线分布有所不同。图 1.3.1a～h 分别为 TC 影响浙江省时偏北(N,a)、东北(NE,b)、偏东(E,c)、东南(SE,d)、偏南(S,e)、西南(SW,f)、偏西(W,g)、西北(NW,h)等风速线空间分布,可见不同风向时沿海等风速线分布有所不同,偏北和东北大风时(图 1.3.1a～b)与冷空气大风相似,沿海等风速线平行于海岸线并自西向东逐渐增大,7 级以上大风一般出现在距离海岸线 40 km 以上的海区;偏东和东南风时(图 1.3.1c～d)7 级以上大风主要出现在浙江南部近海和杭州湾附近海面;偏南和西南大风(图 1.3.1e～f)范围最小,主要出现在舟山群岛东部海区;而偏西和西北风(图 1.3.1g～h)时浙江北部海区可能出现 7 级以上大风。上述风速分布特征与TC 位置有关。浙江近海盛行偏北风或东北风时,TC 中心一般位于海洋上,强度强,影响范围大,整个浙江近海均受影响,表现出 7 级等风速线范围最大;偏东或东南风时热带气旋中心多位于福建沿海,因此浙南近海风力相对较大,而杭州湾沿岸因喇叭口的地形效应对偏东气流有增强作用,表现出图 1.3.1c～d 中的风速大值中心;偏南风或西南风时 TC 多已登陆,强度减弱,海区灾害性风力范围偏小;当浙江近海出现偏西或西北大风时,TC 中心多位于长江口及其以北的海面,因此北部近海风速明显大于南部近海。

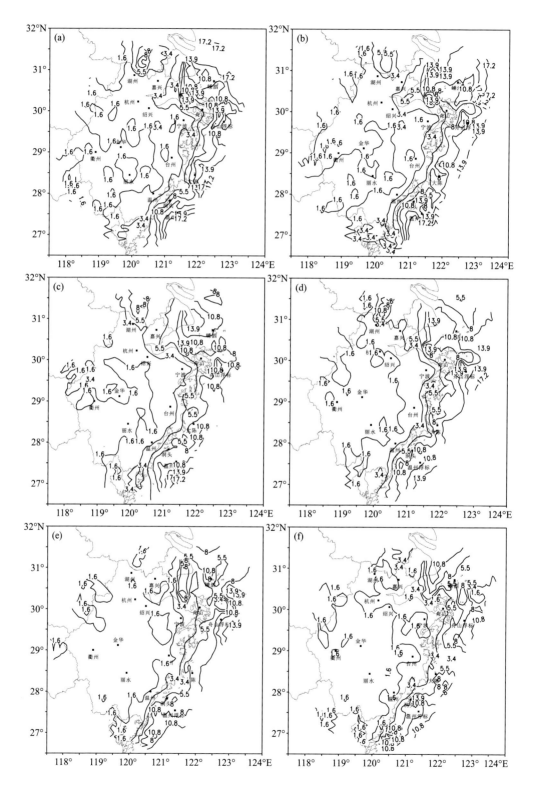

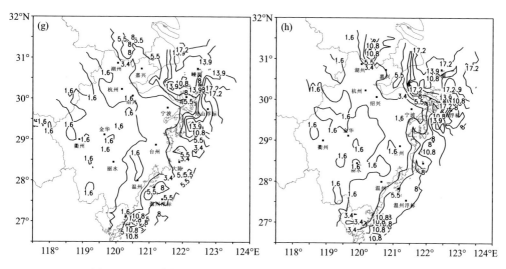

图 1.3.1 热带气旋影响期间浙江省不同风向风速分布(m·s^{-1})

(a:偏北风;b:东北风;c:偏东风;d:东南风;e:偏南风;f:西南风;g:偏西风;h:西北风)

1.4 强对流大风气候概况

为了分析浙江省强对流大风发生地点及发生概率分布的气候概况,对 2011—2013 年 6—8 月浙江省自动气象站逐日逐 10 min 资料进行统计。挑选发生过强对流大风事件的站点,当强对流导致站点出现最大风力≥6 级或极大风力≥8 级时被认为站点发生过强对流大风,不考虑站点降水等其他要素,强对流发生到结束计为1 次强对流大风事件,2011—2013 年浙江省共计 57 次、847 站(共计 4185 站次)出现过强对流大风事件,站点空间分布见图 1.4.1,图中小、中和大黑色圆点分别表示站点强对流大风发生概率≤10%、10%~20%、>20%。可见强对流大风发生站点遍布浙江全省各地,但 93.2%(789/847)的站点强对流大风发生概率都在 10%以下,5.8%(49/847)的站点大风概率为 10%~20%,这些站点多位于近海海区和靠近海岸线的陆地,仅有 1%(9/847)的强对流大风站点发生概率超过 20%,这些站点均分布在浙江近海海区。虽然强对流大风发生地遍及浙江全省,但发生概率超过 10%的站点多位于沿海地区和近海海区,预报服务应当予以关注。

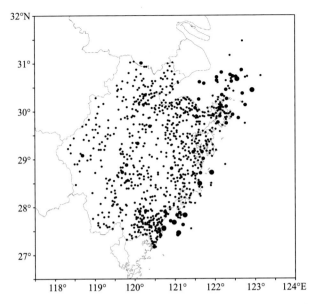

图 1.4.1 2011—2013 年 6—8 月浙江省强对流大风事件站点分布(黑色圆点表示站点位置,圆点大小表示发生概率,小≤10%,10%<中≤20%,大>20%)

1.5 小结

导致浙江沿海海面大风的天气系统冬半年多为冷空气,夏季主要为热带气旋,春夏季中小尺度强对流也可能造成局地风灾。统计分析表明:

1)浙江沿海冷空气大风以西北、偏北和东北大风为主。浙江沿海海区等风速线平行于海岸线自西向东逐渐增大,7 级以上大风一般出现在距离大陆海岸线 40 km以上的海区。冷空气影响时浙江近海海区 5~6 级风力很常见,7 级以上风力概率明显降低。

2)热带气旋影响时,不同风向均可能在浙江近海产生大风,不同风向等风速线分布特征与热带气旋相对位置有很大关系。

3)虽然强对流大风发生地遍及浙江全省,但发生概率超过 10% 的站点多位于沿海地区和近海海区。

参考文献

董加斌,胡波,2007.浙江沿海大风的天气气候概况[J].台湾海峡,26(4):476-483.

梁军,陈联寿,吴士杰,等,2007.影响黄渤海域热带气旋的灾害分析[J].自然灾害学报,16(2):27-33.

刘爱民,涂小萍,胡春蕾,等,2009.宁波气候和气候变化[M].北京:气象出版社:135-175.

卢美,朱业,2011.浙江沿海大风的天气气候特征[J].杭州师范大学学报(自然科学版),10(5):
474-480.

许向春,辛吉武,梁国锋,等,2011.琼州海峡海面风场特征的观测分析[J].热带气象学报,27(1):
118-124.

薛根元,俞善贤,何凤翩,等,2006.云娜台风灾害特点与浙江省台风灾害初步研究[J].自然灾害学
报,15(4):39-47.

尹尽勇,刘涛,张增海,等,2009.冬季黄渤海大风天气与渔船风损统计分析[J].气象,35(6):90-95.

赵领娣,陈明华.2011,中国东部沿海省市风暴潮经济损失风险区划[J].自然灾害学报,20(5):
100-104.

ISOGUCHIO,KAWAMURA H,2007.Coastal wind jets flowing into tsushima and effect on wind-
wave development[J].Journal of the atmospheric sciences,64(1):564-578.

第2章
自动气象站测风资料在精细化分析中的应用

2.1　自动气象站测风资料代表性

地面测风资料一般带有地域特征。为了分析浙江省自动气象站测风资料的风力代表性,将模糊聚类(fuzzy clustering means,FCM)分析方法应用到站点测风资料代表性研究中,对 2009 年 12 月 1 日—2013 年 11 月 30 日逐日逐 12 h(08—20 时、20—08 时)最大风速(下称风速)进行分析,其中资料量达到 95% 以上的站点共计980 个,这些站点资料参与了站点风力代表性的研究分析。

FCM 按照一定的相似性原则(距离或相似度)将特征空间样本点进行分类(石洪波等,2003;李艳等,2007;Li et al.,2007;陈彦等,2008),同类样本点一般具有较高的相似性。FCM 算法需要两个参数:一个是聚类组数 C,另一个是柔性参数 m。一般来讲,C 要远远小于聚类样本的总个数,同时要保证 $C>1$。m 是一个控制算法的柔性参数,m 过大聚类效果会很次,而 m 过小则算法会接近硬聚类算法。高新波等(2000)的研究试验表明模糊聚类的目标函数对 m 的偏导数存在一个极小点,该点对应的 $m=2$ 确定为 FCM 算法中的柔性参数。采用欧式距离对浙江省 980 个站点 3 年逐日 U、V 风分量进行模糊聚类,并引用模糊效果指数(fuzziness performance index,FPI)来确定适宜的模糊类别数 C(陈彦等,2008)。FPI 是表示不同类别间共享成员量的一个指数,用来度量 C 个类别之间的分离程度,介于 0~1,FPI 值越小表示不同分区间共享的成员越少。FPI 的定义为:

$$FPI = 1 - \left(\frac{C \cdot F - 1}{C - 1} \right) \tag{2.1.1}$$

式中,$F = \sum_{i=1}^{n} \sum_{j=1}^{c} (\mu_{ij})^2 / n$,$\mu_{ij}$ 构成模糊分类矩阵,n 为样本数,C 为分类数。

图 2.1.1 为柔性参数 $m=2$ 时 FPI 随模糊类别数变化曲线,可见 $C=2$ 时仅为0.361,明显小于其他分组数,按照 $m=2$ 将浙江省自动气象站点分为 2 组可以得到最佳分组效果。图 2.1.2 为 $m=2$,$C=2$ 经模糊聚类后的站点分布,其中灰色站点为聚类Ⅰ型,黑色站点为聚类Ⅱ型。可见聚类Ⅰ型站点基本分布在浙江内陆,共848 个,占参与分析的 980 个站点的 86.5%,平均海拔高度 18.4 m,冬季站点平均风速 2.8 m·s^{-1},聚类Ⅱ型站点则多分布在沿海地区和海岛,共计 131 个,其中包括太湖沿岸 2 个站点和 9 个高山站点,平均海拔 12.2 m,平均风速 7.9 m·s^{-1},两类站点平均海拔高度无明显差异,但聚类Ⅱ型站点平均风速明显大于Ⅰ型站点。模糊聚类

结果还说明绝大多数海岛自动气象站与内陆站点测风有明显差异,而与舟山、温州 2 个浮标站测风资料具有相同的空间属性。

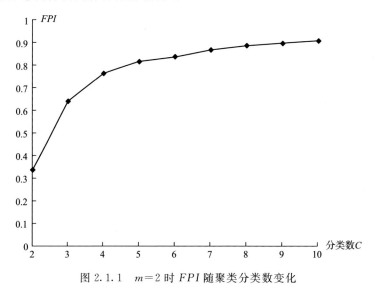

图 2.1.1 $m=2$ 时 FPI 随聚类分类数变化

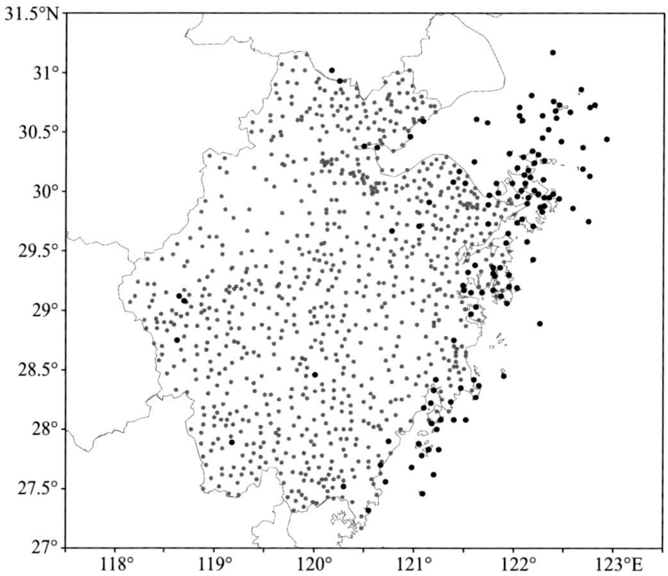

图 2.1.2 冬季浙江省自动气象站风速 FCM 聚类站点分布
(灰色:聚类Ⅰ型,黑色:聚类Ⅱ型)

进一步分析还发现,两类站点海拔高度与平均风速相关系数分别为−0.139(聚类Ⅰ型)和−0.149(聚类Ⅱ型),聚类Ⅰ型站点通过 0.01 信度的 t 检验,说明浙江省内陆站点海拔高度越高,则地面 10 m 风速越小,在一定程度体现了地形摩擦对风速的减小作用。高海拔站点一般位于山区,而山区站点往往受地形摩擦影响偏大,故风速容易偏小。而聚类 II 型站点海拔高度与风速相关系数仅通过 0.1 信度的 t 检验,说明即便是沿海地区和海岛站点,地面 10 m 高度测风在一定程度上仍受到地形摩擦的影响。

2.2 宁波沿海近地边界层风廓线

实际业务中海上大风预报和服务主要针对海平面 10 m 高度,而气象观测站除了浮标站外,近岸陆地或海岛气象站具有一定的海拔高度,需要对观测风速按一定经验公式进行高度订正,用站点测风对数值模式的风力预报进行检验时也存在如何进行高度订正的问题,因此风廓线分析一直是大气边界层的研究重点之一。

2.2.1 边界层风廓线研究进展

二十世纪中国气象工作者就利用北京 325 m 和天津 250 m 气象塔观测资料,基于 Monin-Obukhov 相似理论对边界层风廓线模式进行了理论探讨(曾旭斌等,1987;刘学军等,1991;赵鸣,1993)。近年来还利用风廓线雷达、GPS 探空等新型资料来研究边界层内不同高度的风速变化特征和在天气中的应用(刘学锋等,2009;秦剑等,2013;王海霞等,2013;徐祥德等,2014;黄彬等,2014)。一般来说,在近地面层(边界层下部 50~100 m)风速随高度是否遵从对数规律分布主要由当时的大气层结决定。在静力中性条件下,风速随高度呈现对数变化规律(Stull,1988;周秀骥等,1991)。我国在多个地区进行了梯度风连续观测,一致认为在几十米以下对数律较精确,几十米以上指数律较精确,大风时指数律在任何高度都比对数律更为精确(植石群等,2001;赵鸣,2006)。

这些观测分析多基于陆地测风。由于海洋上的梯度风资料比较稀少,关于海面边界层风廓线的研究相对较少。海面到 50 m 左右这一高度,称为近海面层(徐天真等,1988)。近海面层中风速随高度的变化在中性大气层结下多采用对数律,在层结大气中,需加以稳定度修正。由于地形走向的影响,近岸陆地和海岛测风风速大小往往与风向有很大关系,如果用对数或指数风廓线公式进行高度换算获取海面 10 m 处风速值,会造成很大误差,高山红等(1999)数值模拟得出海岛测风明显受海岛地形的影响,提出借助数值模拟寻求测风资料订正方法的必要性与可能性。

观测和研究表明,边界层风速不都是随高度单调增大的。Gray(1991)指出热带气旋低层更容易产生超梯度气流,早期的观测中有很多显示出在热带气旋低层存在低空急流且急流高度是有变化的,如 60 m(Wilson,1979),200 m(Korolev et al.,1990),550 m(Moss et al.,1976)。刘小红等(1996)研究北京地区一次特大强风过程边界层结构时发现随着该次大风的过境,边界层内风场出现数个风速高值中心,高度位于 200~300 m。谭晓伟等(2013)对超强台风桑美(2006)登陆前后低层风廓线数值模拟分析得出,在台风登陆前,其最大风速半径附近存在水平风速在垂直方向有很强变化的风廓线,最大风速出现的最低高度可以到达 100 m。方平治等(2013)对台风风廓线特征的观测个例分析得出华东沿海地带登陆台风常通量层高度平均值在 200 m 左右。

2.2.2 宁波凉帽山高塔资料简介

宁波市凉帽山岛面积 1 km² 左右,距离大陆海岸线约 2 km。借助电力部门在岛上建设的 370 m 钢柱结构的工程铁塔(图 2.2.1a,122.024°E,29.911°N,塔基海拔 20 m),铁塔地面边长 61.62 m,上部边长 9.78 m,气象部门在相对塔基高度 32 m,60 m,89 m,139 m,179 m,212 m,263 m 和 298 m 的南北两个方向安装了气象观测仪,进行温、湿(温湿传感器为 HMP45D 型)和风(二维超声风速仪,德国 THIES 公司生产)的观测,仪器采用了导轨式气象梯度观测支架(黄思源等,2015),横向伸出塔体,长度 4 m,支臂截面采用 T 型钢结构以减少形变(图 2.2.1b),安装观测仪器处的钢柱直径为 1.0~1.5 m;距离塔基 200 m 处安装了一套自动气象站,自动站 10 m 高度装有二维超声风速仪进行对比观测(仪器参数见表 2.2.1)。2014 年 6 月开始高塔北侧各层风传感器更新为芬兰 Vaisala 公司的 WA15 型。多套仪器同步观测是用于设备备份及资料质量控制。

图 2.2.1　高塔气象梯度观测仪器安装

(a:塔体和观测仪器安装位置,图中黑色空心箭头所指;b:导轨式安装支架)

表 2.2.1　宁波市凉帽山岛高塔气象要素观测指标

要素	观测范围	分辨率	测量精确度	测量一致性	时间变化稳定度	采样周期/s
温度/℃	−50~50	0.1	±0.2	±0.1	±0.2	10.0
相对湿度/%	0~100	1.0	±4.0(≤80)±8.0(>80)	±3.0	±3.0	10.0
气压/hPa	500~1100	0.1	±0.3		±0.3	10.0
超声风速/m·s⁻¹	0~75	0.1	±0.1(0~5)±2%(>5)	±0.1	±0.1	0.1

续表

要素	观测范围	分辨率	测量精确度	测量一致性	时间变化稳定度	采样周期/s
超声风向/°	0～360	1.0	±1.0	±1.0	±1.0	0.1
Vaisala 风速/m·s⁻¹	0.4～75	0.1	±0.17	±0.1	±0.3	1.0
Vaisala 风向/°	0～360	±2.8	±3.0	±1.0	±3.0	1.0
塔基自动站风速/m·s⁻¹	0～60	0.1	±(0.3+0.03V)*	±0.1	±0.3	1.0
塔基自动站风向/°	0～360	3.0	±5.0	±1.0	±3.0	1.0
强风速/m·s⁻¹	0～90	0.1	±0.3		±0.3	1.0
强风向/°	0～360	3.0	±5.0	±1.0	±3.0	1.0

*:V 为指示风速。

　　宁波凉帽山高塔 2010 年 12 月—2014 年 5 月(时段 1)和 2014 年 9 月—2015 年
1 月(时段 2)观测资料,分别对应不同观测设备。时段 1 为主要分析时段,高塔测风
设备为二维超声风速仪,时段 2 高塔测风设备为 Vaisala 风杯,资料用于与时段 1 对
比说明观测结果的可信度。采用逐时整点 10 min 测风资料,资料量达到总量 80%
的浙江北部沿海包括舟山浮标站在内 100 个自动气象站(站点空间分布见图 2.2.2,
高度值为站点海拔高度)参与了分析。

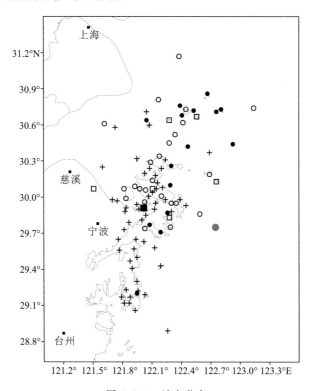

图 2.2.2　站点分布

(+0～50 m,○50～100 m,●100～150 m,□≥150 m,■高塔,⬤舟山浮标站)

高塔资料质量控制时,首先剔除明显异常值和有降水时的超声风资料,明显异常值包括两种情况:一种是异常数据,数据库中标记为 NAN,7999 等,另一种是一定时段内不变化的资料,这种情况多由于通讯故障造成。异常资料质量控制后进行资料的极值控制(依据本地气候资料得出阈值)、同层仪器对比、时间和空间连续性检查。塔基二维超声风与自动站的整点 10 min 平均风速风向对比:时段 1 的统计(样本数 11906)结果表明两者风速相关系数为 0.930,通过 0.001 的相关显著性检验,风速偏差和偏差绝对值的平均分别为 0.29 m·s^{-1} 和 0.50 m·s^{-1},风向相关系数为 0.987,通过 0.001 的相关显著性检验,风向偏差和偏差绝对值的平均分别为 $-2.86°$ 和 5.64°。将自动站风速设为 Y,超声风速设为 X,拟合公式为 $Y=0.968X-0.103$。图 2.2.3 以 2012 年 1 月和 7 月为例,显示了两种风速同时有资料时的对比曲线,可见两者具有很好的一致性,说明超声风速仪观测结果可信。对于高塔各层风速,如果南北两套仪器均有资料,为尽量减少塔体对风速的影响,偏南(风向 180°±45°)、偏

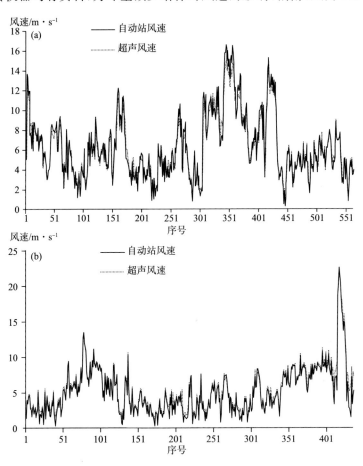

图 2.2.3　塔基自动站风速与超声风速对比

(a:2012 年 1 月;b:2012 年 7 月)

北(风向 0°±45°)风取气流来向观测资料,为减小观测仪器的随机误差,偏东(风向 90°±45°)、偏西(风向 270°±45°)风则取两者的均值。为了与塔层测风仪器保持一致,时段 1 塔基取超声风资料,仅当其缺失时以自动站资料作为补充,时段 2 塔基取自动站资料,以对应塔层的 Vaisala 风杯观测。各层资料进行质量控制后选取时段内各层资料齐全的资料参与风廓线分析(陈明等,1993)。

浙江北部沿海自动气象站资料为整点 10 min 平均风速,来自浙江省气象信息中心,入库时均经过自动质量控制和人工审核,应用时没有进行质量控制。因为站点测风均为 10 m 风,分析中统一取测风仪器所在海拔高度,如浮标站高度为 0 m,测风高度为 10 m。

将宁波凉帽山高塔各层资料分总体平均、不同风型和不同风力等级进行时间平均,得出风廓线资料。风型分热带气旋(TC)影响型和非 TC 影响时段的不同主导风向型,TC 影响型指宁波沿海受热带气旋影响期间的风力状况,具体时间段以宁波气象台热带气旋风雨过程为参考依据。风力等级和主导风向以塔基整点 10 min 风向风速为标准。通常气象服务时以平均风力 6 级作为大风标准,分析中风力等级取小风(<6 级)和大风(≥6 级)2 个等级,偏北风型因风力等级变化时风廓线存在较大差异,故进行更细的等级划分。针对不同风型和风力等级风廓线,近地层采用拟合方法求对数律,引入相关系数来控制拟合精度,目标相关系数 $R \geqslant 0.965$(拟合优度 $R^2 \geqslant 0.931$),并求得由对数律定义的常通量层高度,即从地面(海面)往上风廓线开始偏离对数律的高度(方平治等,2013)。分析同时间段内浙江北部沿海自动气象站风速随高度的分布,验证高塔资料的分析结果。

2.2.3　结果分析

(1)凉帽山高塔风廓线分析

a. 平均风廓线

图 2.2.4a 和图 2.2.4b 为凉帽山高塔所分析资料垂直风廓线的平均分布,图 2.2.4a 为两个不同时段的平均风廓线对比,两时段统计样本数分别为 14438 和 1949,可以看出时段 2 比时段 1 各层风速均偏大(平均偏大 0.82 m·s^{-1}),但两时段廓线由下往上的变化趋势基本一致。时段 2 在 232 m 层有风速极小值,比时段 1 偏大 0.58 m·s^{-1},是由于该时段多偏北风,参见后面 N 型风廓线分析。两个时段塔基(海拔 20 m)风速均比其上一层(海拔 52 m)风速大,除塔基外风速随高度增大。图 2.2.4b 为时段 1 按东(风向 90°±45°)、南(风向 180°±45°)、西(风向 270°±45°)、北(风向 0°±45°)4 个方向统计的风速廓线,可见偏北和偏南风时塔基风速偏大,而偏东和偏西风时正常,说明塔基风速与风向有关。由于高塔位于大陆和舟山岛之间的北仑港中(图 2.2.2),偏北和偏南风与地形走向接近,受地形狭管效应影响导致塔基风速偏大。这一观测结果同时也表明:站点测风在一定程度上还受到地形影响,将某一高度的站点测风订正到海面 10 m,除了要进行海拔高度订正外,还要考虑站点环境因素带来的风速偏差。因此后面风速与高度拟合时,剔除了塔基风速。

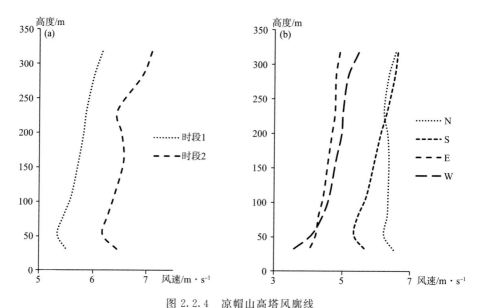

图 2.2.4 凉帽山高塔风廓线

(a:两个时段平均风廓线;b:时段1不同风向的平均风廓线)

b. 高塔处主导风向

图 2.2.5 为时段 1 塔基整点 10 min 风向频率玫瑰图,所有风和≥6 级风的统计样本数分别为 22419、2618。图 2.2.5a 显示 NW,NNW 和 N 风向(以下合称为 N 型)占主导地位,占比 35.4%,而 SE,SSE 和 S 风向(以下合称为 S 型)为次主导风,占比 28.3%,这是由于浙江属温带季风气候,冬季盛行 N 型风,夏季 S 型风居多。图 2.2.5b 显示出≥6 级的大风中,N 型占了绝对优势,高达 70.0%,S 型占 20.2%,

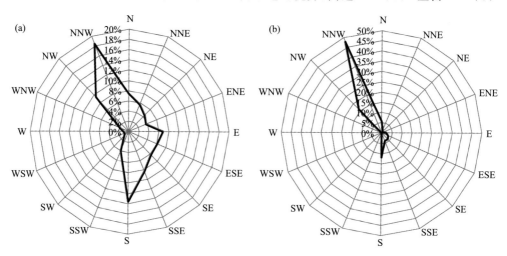

图 2.2.5 凉帽山高塔塔基风向频次玫瑰图

(a:所有风;b:≥6 级风)

可见 N 型大风是浙江沿海 6 级以上大风的主要风向。董加斌等(2007)研究得出造成浙北沿海大风的主要天气系统包括冷空气、温带气旋和 TC,统计表明冷空气大风占40.8%,温带气旋大风占 22.8%,TC 大风占 10.3%,另外还有高压边沿、倒槽和强对流天气造成的大风。每年 10 月到次年 3 月大部分大风是由冷空气引起的,4—6 月温带气旋(低压)大风最多,低压大风由前部偏南大风和后部偏北大风构成,7 月主要是副高边沿的偏南大风,8—9 月有一半左右大风由 TC 引起。根据上述分析,将风型分为热带气旋影响型(TC 影响型)、非 TC 影响期间的北风型(N 型)和南风型(S 型)。

c. TC 影响型风廓线

时段 1 内共有 16 个 TC 影响宁波沿海,统计 TC 影响期间小风(<6 级)和大风(≥6 级)样本数分别为 343 和 152,图 2.2.6 为 TC 影响型风廓线,大体分为 3 段,近地层基本满足对数律,小风、大风时拟合优度 R^2 分别为 0.996 和 0.936,达到目标拟合优度 0.931,拟合公式分别为 $v = 0.535 \ln(h) + 4.300$ 和 $v = 0.659 \ln(h) + 11.204$,式中,$h$ 为高度(单位:m),v 为风速(单位:m·s^{-1})。对比分析,小风较大风时不仅满足对数律的层次更多,而且拟合优度也更高。常通量层顶(小风 199 m,大风 109~159 m)风廓线开始偏离对数律,往上一段高度(小风至 283 m,大风至 232 m)内风速变化不大,再往上风速又继续增大,虽然部分资料拟合结果显示上段能基本满足指数律(图 2.2.6b),但因资料高度有限,是否遵从指数律还需要做进一步的研究。

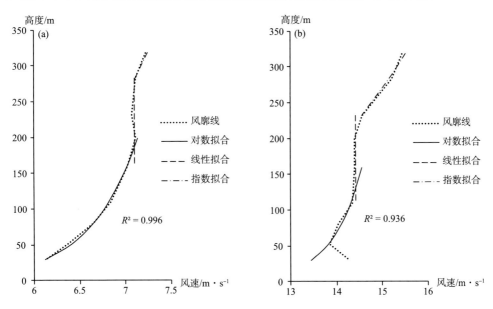

图 2.2.6 TC 影响型风廓线

(a:<6 级;b:≥6 级)

d. S 型风廓线

S 型小风(<6 级)和大风(≥6 级)样本数分别为 5419 和 327,风廓线相对简单

（图 2.2.7），除塔基风速偏大外，无论小风还是大风 320 m 以下基本满足对数律，小风、大风时拟合优度 R^2 分别为 0.986 和 0.948，达到目标拟合优度 0.931，拟合公式分别为 $v=0.779\ln(h)+1.551$ 和 $v=0.892\ln(h)+7.555$，式中，h 为高度（单位：m），v 为风速（单位：$m \cdot s^{-1}$）。与 TC 影响型风廓线类似，小风比大风的对数拟合优度更高。

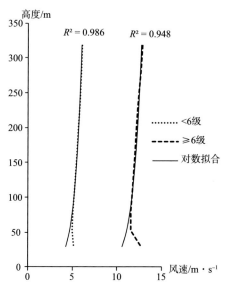

图 2.2.7 S 型高塔风廓线的对数拟合

e. N 型风廓线

N 型主要由 2 种天气系统造成，首要是冷空气，其次是春季入海低压后部的偏北大风。入海低压往往伴随着锋面，所以即使是春季，低压后部偏北风仍然与冷空气类似，风廓线与冬季冷空气有相同特征，其他类型的偏北风，如强对流型，占比很小，故将所有 N 型归为一类进行分析。图 2.2.8 给出了不同风力等级 N 型高塔风廓线，图中时段 2 的廓线作为不同仪器的观测结果对比，两个时段具有共同的特征说明观测结果的真实和可靠性，下面仅分析时段 1 的不同风力等级的廓线特征。图 2.2.8 a~d 分别为小风（<4 级）、中等风（4~5 级）、大风（6~7 级）、强风（≥8 级），各风力等级的统计样本数分别为 2117，1794，686 和 51。

图 2.2.8a 显示小风时高塔 283 m 以下层基本遵从对数律，拟合优度，R^2 为 0.985，283 m 往上开始偏离，但由于资料限制，只能看出偏离的趋势。从 4 级风力开始，N 型高塔风廓线开始出现明显的 3 段特点。近地层风速由于受地形影响塔基风速偏大，可用层次太少，无法进行对数拟合。近地层往上 80~109 m 出现风速极大值，即常通量层顶所在高度。随着风速的增大，常通量层顶有所提高，4~5 级风时为 80 m 左右，≥6 级时上升到 109 m 层，同时注意到，随着风力的增大，塔基风速偏大的层次也在升高，≥8 级时 52 m 层风速明显比其上层偏大。风速极大值 109 m 层往

上直到 232 m 层,风速都在减小,为方便计算可以简单地认为是线性减小,再往上风速又继续增大。

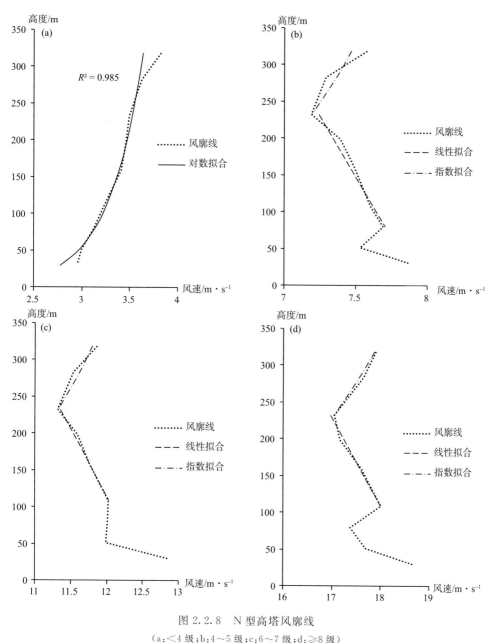

图 2.2.8 N 型高塔风廓线

(a:<4 级;b:4~5 级;c:6~7 级;d:≥8 级)

(2)浙江北部沿海自动气象站风速分析

对时段 1(2010 年 12 月—2014 年 5 月)浙江省北部沿海 100 个自动气象站(图

2.2.2)测风进行分析,图 2.2.9 为不同海拔高度(相同海拔高度的站点一起平均)测站整点 10 min 风速≥6 级的各风型风速平均值随高度的变化及其 3 次多项式拟合,风型分类和风力等级以舟山浮标站(58573)为标准,其他同前面高塔分析。图 2.2.9a～c 中 3 种风型的多项式拟合曲线与观测值的标准差分别为 2.93 m·s^{-1},2.59 m·s^{-1},2.76 m·s^{-1},拟合相关系数分别为 0.529,0.547,0.478,样本数分别为 478,182,2956,均能通过 0.01 的信度检验。

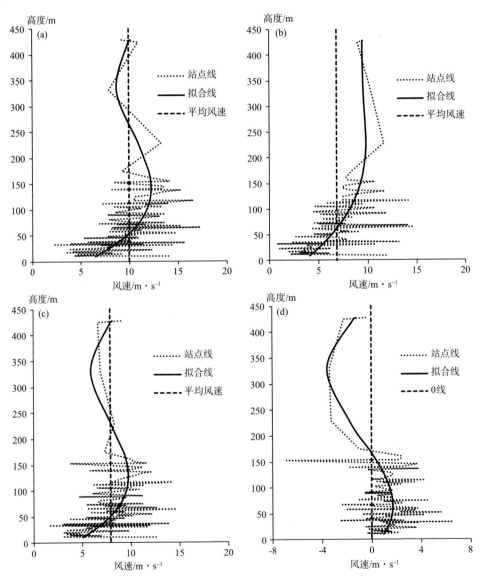

图 2.2.9　浙江北部沿海测站大风风速与海拔高度散点分布
(a:TC 影响型;b:S 型;c:N 型;d:N 型与 S 型风速差值)

TC 影响型(图 2.2.9a)和 N 型大风(图 2.2.9c)拟合曲线相似,0～120 m 风速随高度增大,100～150 m 存在风速极大值,再往上有所减小,300～350 m 存在风速极小值,N 型相对 TC 影响型站点平均风速偏小,风速极值中心高度略低,TC 影响型在大约 145 m 上下达到极大值,N 型则出现在约 120 m 高度,分别对应着 TC 影响型和 N 型的常通量层高度。S 型(图 2.2.9b)0～200 m 风速随高度都在增大,200 m 以上风速变化不明显。图 2.2.9d 为 N 型与 S 型大风风速差值的垂直分布,可以看出在 0～150 m 站点风速差值虽然正负均存在,但以正值为主,拟合曲线也表明了该结果,其中 73% 的站点 N 型风速较 S 型偏大,差值最大的站点为北渔山站(K2927,测风高度 33.1 m)6.53 m·s⁻¹,其次为南韭山站(K2926,测风高度 51.7 m)5.62 m·s⁻¹;150 m 往上负值差值增多,表明海拔 150 m 以上的 N 型大风往往比 S 型大风的风力更容易偏小,其中差值最大为枸杞站(K9543,测风高度 152.7 m)−6.92 m·s⁻¹,说明 N 型相对 S 型大风常通量层以下风速明显偏大,常通量层以上风速偏小。需要说明的是上面正、负差值较大的 3 个站点均处在开阔海域,受地形影响相对较小。

以上分析可知,3 种风型的站点风速总体来说与高塔风速廓线表现相一致,不仅从另一个侧面证实了高塔观测事实,也说明了高塔风速廓线分析结果能应用到站点测风高度订正中。

值得注意,图 2.2.9a～c 中舟山浮标站均大于各站点的平均风速,统计结果表明,浮标站风速仅仅小于分布在远海开阔海域的 4 个站:东亭站(K9521)、浪岗站(K9522)、凤巢岩站(K9541)、鸡骨礁站(K9555);自动气象站风速与高度间相关系数仅 0.223,不能通过相关显著性检验,再次说明了站点测风订正到海面 10 m 风时除了要进行高度订正外,还需要考虑地形等其他因素的影响。

(3)近地边界层风速廓线成因分析

大气边界层可以划分为三个区域:离地面 2 m 以内的区域称为底层,2～100 m 的区域称为下部摩擦层,100 m～2 km 的区域称为上部摩擦层或上边界层,又称为埃克曼(Ekman)层。底层和下部摩擦层总称为地表层或地面边界层,这个层次受摩擦力影响较大,风速随高度呈对数、指数或近似线性变化。埃克曼层空气质点的流动,主要受到气压梯度力、科里奥利力和湍流粘性力(摩擦力)的作用,假设湍流交换系数 K 等于常数,而且气压梯度力不随高度变化,埃克曼层是流体中三力平衡,从而风随高度变化呈埃克曼螺线,风速随高度也是增加的。前面分析得出:浙江北部沿海海面 N 型和 TC 影响型大风,风速随高度不是单调增大,N 型大风在常通量层往上一段还出现风速随高度减小。分析可能原因,海洋相对陆地摩擦系数较小,下部摩擦层高度相对低,特别是 N 型主要由冷空气导致,冷空气影响时,大气带有明显的斜压性,气压梯度力、科氏力和湍流粘性力三力不再平衡,造成 100～300 m 处风速与理想的埃克曼螺线存在较大的差异。从海面往上,下垫面摩擦作用减弱,在常通量层顶(80～109 m)风速出现相对极大值,随着高度的增加,冷空气自身的作用在减弱,风速有所减小,200～250 m 存在风速极小值,再往上大气逐渐接近埃克曼螺旋的条件,风速开始增大。

风廓线与影响天气系统和地面摩擦均有关系,地面摩擦往往导致近地层湍流混合作用的增强,进而改变风廓线。湍流强度是度量湍流混合作用最重要的参数,定义为 10 min 平均风速的标准偏差与 10 min 平均风速的比值。将高塔处不同风型≥6 级大风时各层湍流强度进行平均(N 型、S 型和 TC 影响型样本数分别为 737,327,152)得到垂直分布廓线(图 2.2.10),可见湍流强度随海拔高度增加总体呈波动式减小,塔层内均出现 2 个极大值和 1 个极小值,但极值点出现高度有所不同;S 型极值点出现高度明显低于 N 型和 TC 影响型,且波动幅度最小;N 型波动幅度最大;TC 影响型第 2 极大值点最高,为 232 m。高塔各层风速与湍流强度关系分析发现,除塔基外,自 52~318 m 湍流强度随风速拟合均基本遵从幂指数律。以 N 型风资料为例,52 m 拟合优度 0.49,多在 0.05~0.8 变化,318 m 为拟合优度 0.52,多在 0.05~0.6 变化。影响湍流强度的因子有 2 个:一是地形,二是空气密度差和温差导致的垂直运动,可见除塔基资料外,地形对塔层各层次的湍流强度影响没有本质差异。

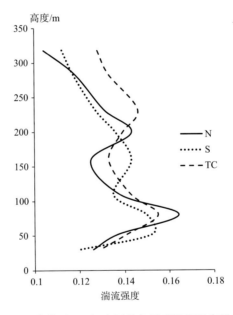

图 2.2.10　高塔处≥6 级大风的各风型湍流强度垂直分布

前述风廓线分析已得出对于小风无论是 S 型还是 N 型高塔处风廓线基本满足对数律,但大风时不同风型的风廓线不尽相同。S 型大风是大陆低压与海上高压间的气压梯度逐渐增大而形成的,形成过程中没有明显的天气系统导致风速剧变,大气边界层中垂直运动相对小而缓慢,因此近地边界层风廓线基本满足对数律分布。对于 N 型和 TC 影响型大风,由于伴有气流的上升或下沉运动,近地边界层湍流混合明显增强,气象要素容易发生剧烈变化,如冷空气从上至下入侵大气边界层,具有明显的间歇性和很强的水平风速加速度,即阵风浪涌,过境时风向突然由南转北,短时间内湍流强度非常大,TC 影响型大风时伴有相对明显的上升运动,螺旋云带中还伴有中小尺度对流系统,边界层湍流混合充分,使得这 2 种天气系统的风速只有在贴地层才能满足对数律,其上显著偏离对数律,最终导致高塔处风廓线不能简单以对数或指数来拟合。图 2.2.10 中 N 型和 TC 影响型第 1 个极值点高度(89 m)对应着风廓线常通量层高度,第 2 个湍流强度极大值高度(200~232 m)与风廓线中风速极小值相对应,一方面是风速平均值小使得湍流强度加大,另一方面是风速极小值高度风速切变大,而切变大的层流中更容易导致湍流增强,至于两者的因果关系及第 2 个湍流强度极大值的成因还有待于进一步研究。

2.2.4 结论与讨论

基于宁波凉帽山高塔和浙江北部沿海自动气象站资料,对近地边界层垂直风分布进行分析,结果表明:

1)由于高塔所处地理位置,受地形狭管效应影响,偏南、偏北风时塔基风速均比上一层风速偏大,舟山浮标站比其周边的站点测风均值偏大,说明站点测风受地形影响较大,将其订正到海面 10 m 风时不能简单地进行高度订正。

2)浙江北部沿海不同风型的风廓线不同。S 型风速 320 m 以下基本遵从对数律,TC 影响型和 N 型风廓线大体分为 3 段,近地层基本满足对数律,常通量层往上一段高度的风速,TC 影响型变化不大,N 型反而减小,再往上又继续增大。TC 影响型常通量层高度为 199~159 m,N 型风廓线 3 段结构更清楚,随着风速的增大,常通量层顶有所提高,4~5 级风时为 80 m 左右,≥8 级时上升到 109 m 甚至更高,200~250 m 间存在风速极小值。3 种风型都表现出,满足对数律的近地边界层内小风比大风具有更好的拟合优度。

3)浙江北部沿海自动气象站测风资料不同风型统计分析也与高塔风廓线表现一致,说明不同天气系统影响下将站点测风订正到海面 10 m 风时需要考虑这种风速垂直分布特征。

2.3 基于浮标站的冷空气大风风速推算

一般认为边界层风速随高度变化服从指数或对数分布,对数律主要适用于中性条件下的近地层,指数律则可推广至非中性大气,研究普遍认为指数律更符合平均风速随高度的变化(申华羽等,2009;郭凤霞等,2010;李鹏等,2011)。事实上站点测风除了海拔高度影响外,还受到站点周围地理环境的影响。浙江省近海的 2 个浮标站距离海岸线 40 km 以上,周围海域开阔,其测风资料受地形影响小,是海面 10 m测风最具代表性的资料,而浙江省其余沿海和海岛气象站点由于地形、海拔高度等影响,测风资料均需要进行一定的订正才能代表海平面 10 m 风。

以温州浮标和舟山浮标资料为标准,按照站点距离浮标站远近为原则,将浙江沿海风力代表站与浮标站的差异与站点海拔高度、离岸距离、站点经纬度等地理因子进行统计分析,从而得到各站点相对于浮标站风速的订正值,以进行综合考虑地理因子和海拔高度的风速订正。具体思路和方法如下:

影响浙江近海时各海岛自动站风速相对于浮标站风速的差值记为δ:$\delta = V_{\text{station}} - V_{\text{buoy}}$,式中,$V_{\text{station}}$为海岛站风速,$V_{\text{buoy}}$为浮标站测风,其中浙北海区(纬度$\geqslant 29°$N)$V_{\text{buoy}}$取舟山浮标站风速,浙南(纬度$< 29°$N)则取温州浮标站风速。2010—2014年冬季(12—次年2月)共计12个月361天中,浙江近海共发生冷空气大风事件116次,图2.3.1a为116次冷空气大风事件时浙江近海站点平均风向风速空间分布、平均风矢量差和δ空间分布(图2.3.1b)。可见冬季大风事件发生时浙北近海盛行偏北风,浙南近海盛行东北风,全风速等值线几乎平行于海岸线自西向东逐渐增大(图2.3.1a)。与浮标站风资料相比较,浙北近海海岛站点风矢量差多带有明显的偏南分量,而浙南近海风矢量差多为东南风(图2.3.1b),表现在站点全风速上浙江近海海岛站点风速一般都小于浮标站。δ空间分布也表现为等值线基本平行于海岸线,靠近大陆海岸线站点风速比浮标站风速偏小更多,最多偏小8 m·s^{-1}以上,仅浙北最偏东的浪岗站风速稍大于舟山浮标站。

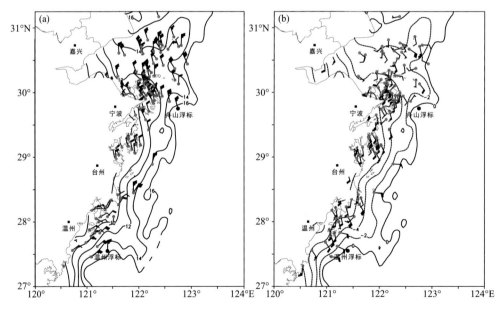

图2.3.1 浙江沿海自动气象站冷空气大风分布及站点与浮标站风矢量差空间分布
(a:平均风向风速和全风速;b:站点与浮标站平均风矢量差和δ)

海岛自动站风速与浮标站风速的对比分析仅针对图2.1.2中的聚类Ⅱ型站点进行。所分析的116次冷空气大风个例中,自动站点相对于浮标站的风速差δ与站点海拔高度相关系数仅为-0.031,不能通过0.1信度的t检验,表明海拔高度与δ相关性不显著,但δ和$|\delta|$(δ的绝对值)与站点离岸距离、经度、纬度相关系数均通过了0.01信度

的 t 检验,δ 和 |δ| 与离岸距离相关系数分别达到 0.567 和 −0.530,表明自动站离岸距离越远,其测风相对于浮标站风速的偏离度越小,站点风速越接近浮标站。

自动站 δ 与站点的经度、纬度、海拔高度、离浮标站距离和离岸距离 5 个地理因子进行逐步回归分析,回归时逐个引入对 δ 影响最显著的因子,并对已引入的因子重新检验,剔除不显著因子。虽然 δ 和 |δ| 与站点经度、纬度相关系数均能通过 0.01 信度检验,但由于经纬度和离岸距离不是独立因子,经过逐步回归,结果仅保留下离岸距离一个因子。回归方程如下:

$$\delta = -6.590 + 0.071X \tag{2.3.1}$$

式中,X 为自动站离岸距离,以 km 为单位。逐步回归结果表明:站点离岸距离是影响站点风速与浮标站风速差值 δ 的主要因子,离岸距离越远,站点风速越接近浮标站。

2.4　兰金涡旋模型在热带气旋风场中的应用与检验

2.4.1　热带气旋风场模型研究进展

由于洋面上观测资料稀少,模型风场被广泛用于热带气旋(tropical cyclones,TC)结构的研究中,其中不乏简单实用的,如朱首贤等(2002 年)建立的基于特征等压线的不对称型气压场和风场模型,但兰金(Rankine)组合涡仍是气象学上最常用的 TC 物理模型,该模型基于最大风速的风场分布,可应用于估算广阔洋面上的 TC 风场分布。Macafee 和 Pearson(2006)基于多种资料,对包括兰金涡旋模型在内的 5 种 TC 参数化风场进行对比分析,并在兰金涡旋模型中考虑了一定的形状因子,结果发现:TC 不同象限最大风速半径(R_{max})不是对称变化的,R_{max} 的大小与中心附近最大风速(V_{max})有关,V_{max} 越大,R_{max} 的不对称性越小,与浮标站观测对比,对 16 m·s^{-1} 及以上的风力,选择适当参数后的模型风速与浮标站观测平均误差可以小于 1 m·s^{-1}。许映龙等(2006)在一定的假设前提下,利用兰金涡旋模型构造 TC 风场,并将构造的理想风场与两种基于多普勒雷达径向速度场确定的 TC 风场进行对比。2008 年颜文胜等在兰金涡旋运动模式基础上模拟 TC 的水平风场结构,证明环境风的分析判断对近海 TC 的移动路径预报有很好的指示意义。臧增亮等(2007)在研究多普勒天气雷达径向风场反演散度场时利用兰金涡旋构造了一个只有气旋式旋转的切向风速理想场,其结果也表明了对气旋采用兰金涡旋理论是科学合理的。

经典兰金涡旋模型中最重要的参数是最大风速半径 R。2004 年胡邦辉等对藤田气压模式经合理的简化和推导,提出了一个针对稳定状态的海面移动非对称 TC 的最大风速半径计算方案,其研究表明:TC 最大风速半径与中心附近最大风速、中心气压、环境温度和气压、摩擦系数等相关。陈德文等(2012)基于 QuikSCAT 风场和美国联合台风预警中心的 TC 资料,将遥感平均风剖面与 Holland 台风模型进行最小二乘法拟合来反演 TC 最大风速半径,取得了较好效果。在假设 TC 环流完全对称的前提下,多普勒雷达基速度资料广泛应用于 TC 定位和 R 的确定中,但由于多普勒雷达速度资料的半径在 230 km 以内,定位对资料的质量要求非常之高,速度模糊甚至距离模糊存在都会导致定位失败(1996)。

目前 TC 数值模式中普遍采用将 TC Bogus 方案叠加于分析场中形成初始场,兰金涡旋模型就是一个理想化的 TC Bogus 方案(2008)。为了提高 Bogus 方案对 TC 不对称性的描述,很多气象专家结合观测事实,采用不同的方法构造 TC Bogus 模型,通过不同 TC 个例的试验表明可以改善数值模式对 TC 的预报效果(王亮等,2009;瞿安祥等,2007;Wang et al.,2011)。根据 Macafee 和 Pearson 的研究,引入适当的形状因子有可能减小兰金模型风速误差。TC 靠近陆地时常常发生变形,对于不同象限的 TC 风场考虑不同形状因子有可能减小兰金模型风速误差,因此有必要加强靠近陆地的 TC 风场兰金涡旋模型适用性的研究。

对浙江省造成直接影响、间接影响和影响程度介于二者之间的 TC 个数分别为 39.5%、41.6% 和 18.9%,其中直接影响类 TC 一般稳定西北行,强度强,在厦门以北到浙江沿海登陆,往往给浙江陆地和沿海带来狂风暴雨,间接影响类 TC 风雨灾害程度相对较轻,而介于直接影响和间接影响之间的 TC 一般在 125°E 以西紧靠浙江沿海北上,主要灾害为海上大风(刘爱民等,2009)。为了加强兰金涡旋模型在影响浙江沿海的 TC 应用研究,在适当考虑形状因子 B 的基础上进行试验,以 1211 强台风"海葵"为例详细介绍分析方法对 2010—2013 年严重影响浙江沿海海面的 6 个 TC 个例进行适用性检验。

2.4.2 资料和方法

TC 个例的选择:选择 2010—2013 年,经过以 30°N,122°E 为圆心,3.5 个纬距为半径范围,在浙江沿海海面风力达到严重影响程度(浙江沿海 210 个气象站中至少有一个站点阵风达 10 级及以上)的 TC 为分析对象(刘爱民等,2009),共计 6 个 TC 满足条件,路径见图 2.4.1。影响时段选择沿海有站点进入 TC 7 级风圈开始到站点 10 min 平均风速减小到 6 级以下。分析针对全风速进行。各 TC 资料时段见表 2.4.1。

表 2.4.1 TC 个例概况

编号	中文名	资料时段	最大强度	路径趋势	参考浮标站*
1105	米雷	2011-06-25 02—2011-06-26 02	STS	近海北上	舟山
1109	梅花	2011-08-06 08—2011-08-07 08	Super TY	近海北上	舟山
1209	苏拉	2012-08-02 14—2012-08-03 20	TY	西北行登陆	温州
1211	海葵	2012-08-07 08—0212-08-08 14	STY	西北行登陆	舟山
1315	康妮	2013-08-29 08—2013-08-30 14	STS	近海北上	温州
1323	菲特	2013-10-05 20—2013-10-06 22	STY	西北行登陆	温州

*:该列为计算兰金最大风速半径时所用到的浮标站,以浮标站距离 TC 中心距离最小的原则选择

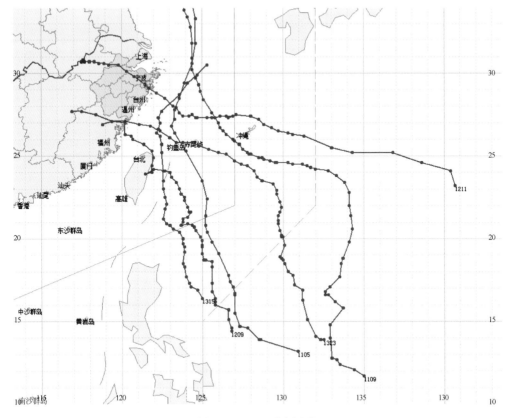

图 2.4.1　TC 个例路径

TC 定位定强和站点观测资料：TC 资料为中央气象台（CMO）实时业务定位定强资料，站点风速为逐 10 min 平均风速，资料来自浙江省气象信息中心。气象站点资料入库时均经过自动质量控制和人工审核，应用这部分资料时没有进行质量控制。

宁波凉帽山高塔资料简况见表 2.2.1。分析所用高塔资料时间为 2012 年 8 月 7 日 00 时—8 月 8 日 03 时，均经过人工审核，其中 199 m 和 318 m 两层仅北侧有观测资料，其他层次取南北观测资料均值。

对于进入 TC 最大风圈半径 R 的气象站点，在 TC 中心靠近和远离的过程中，最大风圈半径 R 随时间有所改变，但总体变化不大，必然有两个时刻站点与 TC 中心距离 r 等于兰金最大风速半径 R，即 $r=R$，在完全满足兰金涡旋模型的情况下，这两个时刻站点切向风速 V 等于 V_{max}，两风速峰值中间存在风速谷值对应 $r<R$ 且极小（图 2.4.2）。

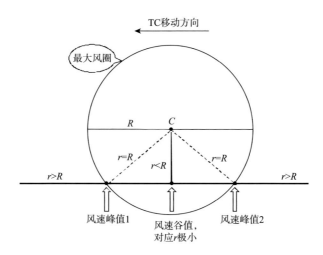

图 2.4.2　进入 TC 最大风速半径 R 的站点兰金风速 RV 与 r 变化示意图

以 CMO 逐小时业务定位和定强为基础,引入考虑形状因子的兰金涡旋模型模拟 TC 风场结构(许映龙等,2006;王亮等,2008),则距离 TC 中心 r 点的涡旋切向风速分布满足公式(2.4.1):

$$V = \begin{cases} V_{\max} \times \left(\dfrac{r}{R}\right)^{B}, r < R \\ V_{\max} \times \left(\dfrac{R}{r}\right)^{B}, r \geqslant R \end{cases} \tag{2.4.1}$$

式中,B 为形状因子,$B=1.0$ 时即为标准兰金涡旋模型,$V_{\max}$ 为 TC 中心附近最大风速(取 CMO 逐小时主观定强风速),R:$V_{\max}$ 所在半径,V:半径 r 处的切向风速。Macafee 和 Pearson 在应用兰金涡旋模型研究大西洋飓风时认为形状因子取 0.5 可以适用于中纬度 TC,分别对 B 从 0.5~1.2 间隔 0.1 的逐个形状因子试验。

业务工作中海面风的预报和服务是针对海平面 10 m 高度,浮标站测风被认为具有最好的代表性。浙江沿海布有温州、舟山 2 个浮标站,假设 TC 影响时浮标站风速满足兰金涡旋模型,在(2.4.1)式中已知 TC 中心附近最大风速 $V_{\max}$、站点逐小时观测风速(式中 V)和 TC 中心与站点距离(式中 r),即可推算出逐小时最大风圈半径 R。根据 R,$V_{\max}$ 和 r,则可推算各站点兰金涡旋模型风速(下称 RV)。各站点 RV 与观测风速(下称 V)会有差异,对每个 TC 影响期间不同形状因子的逐小时兰金风速误差(下称 δ,为兰金风速与实测风速差值,$\delta = RV - V$)求时间平均,平均误差越小说明形状因子 B 的取值更佳。将逐小时兰金风速误差与站点信息进行多元回归,根据回归方程对沿海站点 δ 进行订正,通过订正前后的兰金风速误差对比来考察订正效果。研究步骤与内容如图 2.4.3。

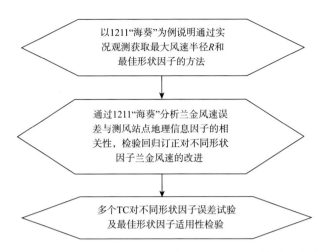

图 2.4.3　不同形状因子 B 误差试验及适用性检验研究步骤与内容

2.4.3　结果分析

（1）兰金涡旋模型在强台风"海葵"（1211）中的应用

参与试验的 6 个 TC 中，只有 1211"海葵"穿越了浙江省陆地，距离宁波凉帽山高塔也最近，下面以"海葵"为代表进行详细分析。

根据预定计算方案，"海葵"影响期间共有 3410 站次达到标准。据公式（2.4.1）计算逐时次形状因子为 0.5～1.2 的兰金涡旋模型风速并与实况比较，可计算出逐站次兰金涡旋模型风速误差，从而得到"海葵"影响期间浙江沿海兰金涡旋模型风速误差绝对值平均和误差平均随形状因子 B 的变化（图 2.4.4），可见 B＝0.9 时 2 者均最小，其次是 B＝0.8 和 B＝1.0，下面分析仅针对 B＝0.9 和 B＝1.0 的结果。

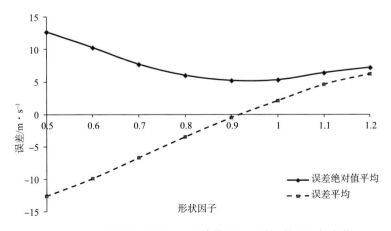

图 2.4.4　1211"海葵"的兰金涡旋模型误差随形状因子的变化

宁波北渔山、檀头山和台州的东矶岛（站点均位于浙江近海，具体位置在图 2.4.6 中分别以 BYS,TTS 和 DJ 标注）进入了"海葵"最大风速半径内，站点与 TC 中心最近距离分别为 10.7 km,22.2 km 和 28.7 km,3 站点海平面气压都表现出明显的漏斗型特征。宁波多普勒雷达 TREC 风场资料表明："海葵"眼区范围偏大，登陆前眼区直径超过 50 km，登陆后范围更大，故认为这 3 个自动站不仅进入"海葵"最大风速半径内，而且 TC 中心还从站点附近经过。下面以东矶岛为例进行兰金涡旋模型和实况风速的对比分析。

图 2.4.5 为依据 CMO 业务定位定强及舟山浮标站资料，形状因子 B 分别为 1.0 和 0.9 对应"海葵"逐小时兰金最大风速半径 $R_1(B=1.0)$ 和 $R_2(B=0.9)$、TC 中心与东矶岛距离 r、东矶岛实况风速 V 及兰金风速演变曲线对比（RV_1 为 $B=1.0$ 时，RV_2 为 $B=0.9$ 时）。可见 2012 年 8 月 8 日 03 时"海葵"登陆前 20 min R_1 和 R_2 均达到最小，分别为 55 km 和 51.5 km，此时东矶岛距离 TC 中心 $r=35.7$ km，事实上 8 月 8 日 00—07 时站点 r 均小于 R_1 和 R_2，表明该时段站点位于兰金涡旋最大风速半径内。风速演变趋势分析，"海葵"靠近东矶岛时站点风速持续增大，远离时持续减小，实况观测到 2 个风速峰值，分别出现在 8 月 7 日 23 时和 8 月 8 日 07 时，峰值间隔 8 h，对应风速分别达到 43.7 m·s^{-1} 和 36.6 m·s^{-1}。对比可见：兰金风速 RV 峰值与观测峰值出现时间基本一致，峰值出现时，r 值接近 R。东矶岛第一观测峰值出现时，RV_1 达到峰值 46.1 m·s^{-1}，RV_2 达到 42.6 m·s^{-1} 的次峰值，此时站点 $r=$ 80 km，接近 $R_1=77$ km 和 $R_2=72$ km。"海葵"远离过程中，东矶岛第二风速峰值出现时，对应兰金风速 $RV_1=35.3$ m·s^{-1} 和 $RV_2=37.9$ m·s^{-1}，也达到峰值附近，此时东矶岛 r 为 61.8 km，也接近 R_1（66.5 km）和 R_2（61.9 km）。北渔山和檀头山的实测风速和兰金风速基本表现出相同的变化趋势，由于檀头山自动站靠近大陆海岸线，实况观测风速虽明显小于兰金涡旋模型，但观测风速 V 峰值出现时，RV_1 和 RV_2 也达到峰值或次峰值，观测风速峰值出现时对应的 r 与 R_1 和 R_2 也基本接近。可见基于 CMO 对"海葵"业务定位定强和舟山浮标站风速资料计算的"海葵"兰金涡旋最大风速半径 R_1 和 R_2 均得到实况观测资料的验证，计算结果合理。

图 2.4.6 为 2012 年 8 月 7 日 23 时东矶岛（DJ）观测到第 1 峰值时浙江省自动站实况全风速及 $B=1.0$ 和 $B=0.9$ 时的兰金涡旋模型风速空间分布，此时东矶岛靠近 $B=1.0$ 的兰金最大风速半径并观测到最大风速 43.7 m·s^{-1}。图中可见：实测等风速线近似平行于海岸线自西向东增大，海岸线附近梯度最大。台州和宁波近海海面兰金风速等值线与实况更为接近，但实况在靠近海岸线的风速梯度明显大于兰金涡旋模型，表明沿海地区实况风速减小明显比兰金涡旋模型快。对比形状因子 $B=1.0$ 和 $B=0.9$ 时的兰金风速发现：$B=0.9$ 时近海海面兰金风速相对于 $B=1.0$ 偏小但更接近实况，相同半径的兰金风速前者比后者风力偏小 1 级左右。

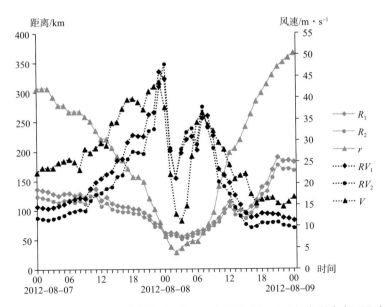

图 2.4.5　"海葵"最大风速半径 $R_1(B=1.0)$ 和 $R_2(B=0.9)$、东矶岛与 TC 中心距离 r、兰金风速 $RV_1(B=1.0)$ 和 $RV_2(B=0.9)$ 与东矶岛实况风速时间序列变化

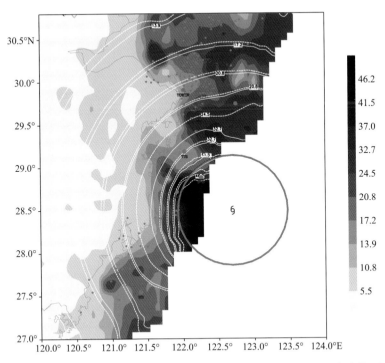

图 2.4.6　2012-08-07 23:00 浙江省自动站全风速(填色)、$B=1.0$(黑色实线)和 $B=0.9$ (黑色虚线)的兰金涡旋模型风速(灰色圆为 $B=1.0$ 兰金最大风速半径)

(2)回归方程的建立及其对不同形状因子兰金风速的改进

形状因子 B 分别为 1.0 和 0.9 时,分析发现兰金涡旋模型风速误差 δ 与浙江沿海气象站点海拔高度、站点与大陆海岸线距离、观测时段风速标准差相关系数差异不大,$B=1.0$ 时,标准差相关系数分别为 -0.234,-0.723 和 -0.421,$B=0.9$ 时,标准差相关系数则为 -0.237,-0.720 和 -0.425,海拔高度因子通过 0.05 信度检验,后 2 个因子相关系数通过 0.01 信度检验,表明站点海拔高度对 δ 有一定影响,但不是重要因子。δ 与站点海拔高度的负相关关系反映出海拔高度越低,地形摩擦作用越明显,实际观测风速越容易偏小,相同 r 时兰金风速越容易大于实测值,从而导致兰金风速越趋于正误差。δ 与站点到大陆海岸线的距离相关系数达到 -0.72,表明站点所在的地理位置对 δ 有最重要的影响,距离海岸线近的站点,地形作用相对明显,实况风速越容易偏小,在 r 相同的情况下,兰金涡旋模型容易表现出更大的正误差。$|\delta|$(兰金风速误差绝对值)与站点到大陆海岸线的距离相关系数也达到 -0.40 左右,表明靠近海岸线的站点受地形影响相对大,$|\delta|$ 越大,可见远离海岸线的站点更容易满足兰金涡旋模型。与观测时段风速标准差相关性表明:TC 影响时段内风速起伏小的站点兰金风速越容易偏大,反之越容易偏小。

根据高塔所在位置,在浙江北部沿海 87 个站点中选择 17 个作为独立检验样本,其他 70 个站点作为回归样本,应用多元回归方法对 δ 与站点距海岸线距离、观测风速标准差及海拔高度进行多元回归分析,得到方程如下:

$$\delta = 7.95 - 1.2360\,V - 0.0032\,H - 0.130\,D,B = 0.9 \text{ 时} \qquad (2.4.2)$$

$$\delta = 10.3 - 1.233\,V - 0.034\,H - 0.132\,D,B = 1.0 \text{ 时} \qquad (2.4.3)$$

式中,δ 为兰金风速误差,V 为站点观测风速标准差,H 为站点海拔高度,单位为 m,D 为站点与大陆海岸线距离,单位为 km。

经剩余 17 个独立样本检验(海拔高度 8~414 m,海岸线距离 12~90 km),回归后 $B=1.0$ 的平均兰金风速误差绝对值平均由 $4.2\ \mathrm{m \cdot s^{-1}}$ 减小到 $2.9\ \mathrm{m \cdot s^{-1}}$,$B=0.9$ 则由 $4.1\ \mathrm{m \cdot s^{-1}}$ 减小到 $3.3\ \mathrm{m \cdot s^{-1}}$,可见回归订正有较好效果。

(3)不同形状因子时高塔处的拟合兰金风廓线与实况的对比

从 2012 年 8 月 8 日 03:30 开始宁波凉帽山高塔 80 m 及以上层次资料出错,因此仅对 8 月 7 日 00 时—8 月 8 日 03 时"海葵"影响期间的高塔资料进行分析,结果只能代表"海葵"登陆前高塔处的边界层特征。

将凉帽山高塔不同层次信息代入方程(2.4.2)和(2.4.3),可计算出高塔不同高度 δ,用兰金风速减去 δ 即得到高塔处方程拟合出的边界层兰金风廓线。

图 2.4.7 为 8 月 7 日 00 时—8 月 8 日 03 时形状因子分别为 1.0 和 0.9 时高塔处回归方程拟合的时间平均兰金风廓线与实况对比。$B=1.0$ 和 $B=0.9$ 的两条拟合兰金风廓线最大误差值都出现在塔基,分别偏小 $4.7\ \mathrm{m \cdot s^{-1}}$ 和 $2.3\ \mathrm{m \cdot s^{-1}}$,而最小误差值均出现在 52 m,分别为 $-1.8\ \mathrm{m \cdot s^{-1}}$ 和 $0.2\ \mathrm{m \cdot s^{-1}}$。从廓线趋势分析,$B=1.0$ 和 $B=0.9$ 的拟合风廓线与实况基本一致,但形状因子 $B=0.9$ 时风廓线相

对于 $B=1.0$ 的风廓线系统性误差更小,$B=0.9$ 时塔层各层平均拟合误差绝对值平均比 $B=1.0$ 减小 2 m·s^{-1},结果更接近实况。可见选取合适的形状因子可以减小 δ,应用中应当予以考虑。

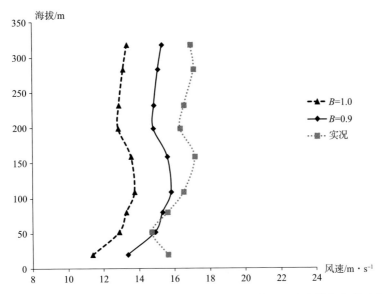

图 2.4.7 不同形状因子时宁波凉帽山高塔处的拟合兰金风廓线与实况对比

(4)不同形状因子的兰金涡旋模型的适用性检验

为了考察兰金涡旋模型的适用性,对 2010—2013 年 6 个严重影响浙江沿海的 TC 进行分析(个例详情见表 2.4.1 和图 2.4.1)。图 2.4.8 为所选 TC 个例形状因子 B 取 0.5~1.2 逐 0.1 计算得到的浙江沿海兰金涡旋模型误差绝对值平均(图 2.4.8a)和误差平均(图 2.4.8b)随 B 的变化曲线,图中黑色粗实线是样本数权重误差平均,图 2.4.8 可见 $B=0.9$ 时兰金风速误差绝对值平均和误差平均均达到最小,其次是 $B=1.0$ 和 $B=0.8$,且 B 越小兰金风速较实况偏小越明显(图 2.4.8b),个例分析发现,除 1315"康妮"外,其他 5 个 TC 均在 $B=0.9$ 附近出现误差绝对值平均的最小值(图 2.4.8a),平均误差表现,各 TC 个例均在形状因子 0.8~1.1 出现最小误差,其中 4 个 TC 平均误差最小值出现在 0.9~1.0。与 Macafee 和 Pearson(2006)的研究结果相比,得到的形状因子偏大,可能与 TC 源地不同有关。可见对于严重影响浙江沿海海面的 TC,兰金涡旋模型是适用的,但应根据 TC 个例的不同结构考虑适当的 B 值。

图 2.4.8 分析得出 1315"康妮"的兰金风速误差绝对值平均与其他 5 个 TC 表现不一样,且 1315"康妮"和 1209"苏拉"分别在 $B=0.8$ 和 $B=1.1$ 时得到兰金风速最小误差,其他 TC 均在 0.9~1.0 得到,这与 TC 结构不同有关。图 2.4.9a 和 2.4.9b 分别对应 2012 年 8 月 2 日 20 时和 2013 年 8 月 29 日 20 时"苏拉"和"康妮"ECMWF 细网格 10 m 风场(0.25°×0.25°)。"苏拉"中心位于 25.7°N,121.4°E,强风带主要位于 TC 中心

北侧和东侧,7级等风速线范围影响到30°N以北,适当放大形状因子 B 才能使得兰金涡旋模型更接近于实况,最终试验结果"苏拉"的 $B=1.1$ 时兰金风速误差最小;而浙江近海北上的1315"康妮"则不同,2013年8月29日20时中心位于26.6°N,122.3°E,分析发现"康妮"兰金风速误差表现与其结构明显不对称有关,其大风带位于 TC 中心的东侧,中心西侧风速普遍比东侧风速偏小 10 m·s^{-1} 以上,减小 B 才能使得兰金涡旋模型更接近于实况,最终表现在 $B=0.7$ 时得到最小误差绝对值平均,$B=0.8$ 时得到最小平均误差。形状因子 B 是对标准兰金风速的放大或缩小,取值与 TC 结构相关,当强风带范围跨区大,实际风也可能大,需要适当放大 B 值,反之,则需减小 B 的取值。

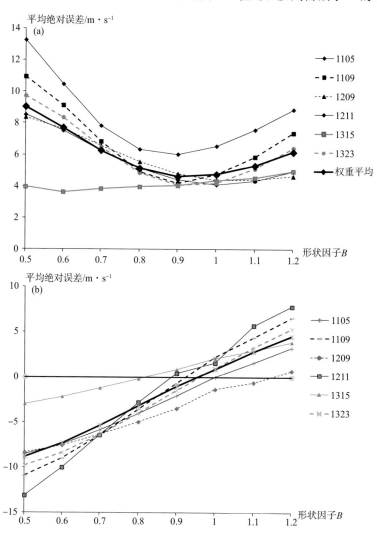

图 2.4.8　严重影响浙江沿海 TC 的兰金涡旋模型平均误差随形状因子的变化
（a:误差绝对值平均;b:误差平均）

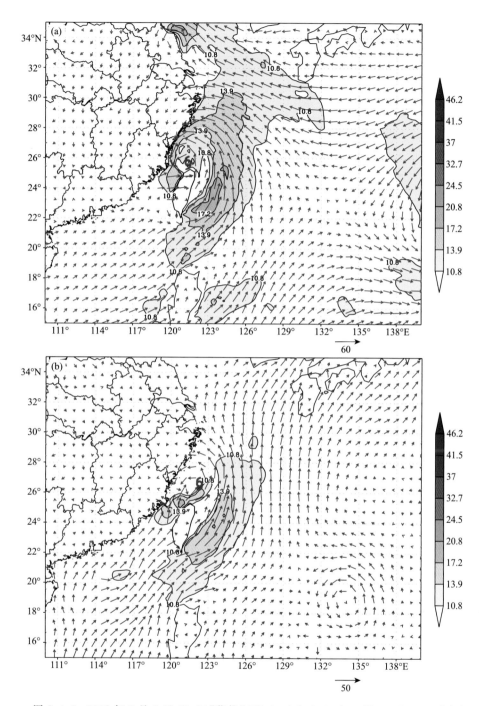

图 2.4.9　2012 年 8 月 2 日 20:00"苏拉"(1209,a)和 2013 年 8 月 29 日 20:00"康妮"
(1315,b)影响时 ECMWF 细网格海平面 10 m 风初始场

2.4.4 结论与讨论

基于浙江省气象站及宁波凉帽山高塔资料,引入兰金涡旋模型,考虑适当的形状因子 B,对 1211 强台风"海葵"影响期间浙江沿海海面站点风和边界层观测资料的进行统计分析,并选择 6 个严重影响浙江沿海的 TC 个例进行最佳形状因子的试验和分析,结果表明:

1)"海葵"影响期间通过站点测风资料确定兰金涡旋模型的最大风速半径,从而计算 TC 的兰金风速分布。与实况对比 $B=0.9$ 时兰金风速相对于 $B=1.0$ 偏小但更接近实况,相同半径的兰金风速前者比后者风力偏小 1 级左右。

2)"海葵"影响期间浙江省气象站资料分析表明:站点距离海岸线远近对兰金风速误差 δ 有最重要的影响,站点越靠近海岸线,兰金风速越容易偏强,距离海岸线远的站点更容易满足兰金涡旋模型。多元回归能在一定程度上减小 δ。宁波凉帽山高塔资料分析表明:形状因子为 0.9 相对于形状因子 1.0 时在高塔处风廓线有 $2 \mathrm{~m} \cdot \mathrm{s}^{-1}$ 左右的系统性误差的减小,结果更好。

3)多个 TC 适用性检验发现:对严重影响浙江沿海的 TC,形状因子在 $0.8 \sim 1.1$ 得到浙江沿海站点兰金风速平均误差最小值,应用时可根据前期观测资料按文中方法计算兰金风速误差及 TC 结构来选择适当的形状因子。

试验对比了不同形状因子时兰金涡旋模型风速的总体误差表现,检验了兰金涡旋模型在浙江沿海的适用性。由于 TC 结构的不对称性,位于不同象限的 TC 形状因子取值可能有所不同,且形状因子会随时间变化而改变,尚待进一步研究和分析。

2.5 小结

本章基于浙江省自动气象站(包括浮标站)测风资料和沿海边界层风梯度观测,首先进行测风资料站点的模糊聚类分型和沿海边界层风廓线特征分析,进一步在模糊聚类基础上进行冬季沿海浮标站和海岛测风资料对比,建立沿海冷空气大风风速推算模型,最后利用沿海自动站和浮标站测风资料,对考虑形状因子的兰金涡旋模型在浙江沿海适用性进行检验。得到如下结论:

1)就测风资料代表性而言,浙江省自动气象站点分两类最为合理,聚类Ⅰ型站点基本分布在浙江内陆,聚类Ⅱ型站点则多分布在沿海地区和海岛,绝大多数海岛自动气象站与舟山、温州 2 个浮标站测风资料具有相同的空间属性。两类站点平均海拔高度无明显差异,但聚类Ⅱ型站点冬季平均风速明显大于Ⅰ型站点。

2)浙江北部沿海不同风型的风廓线不同。S 型风速 320 m 以下基本遵从对数律,TC 影响型和 N 型风廓线大体分为 3 段,近地层基本满足对数律,常通量层往上一段高度的风速,TC 影响型变化不大,N 型反而减小,再往上又继续增大。TC 影响型常通量层高度为 $199 \sim 159 \mathrm{~m}$,N 型风廓线 3 段结构更清楚,随着风速的增大,常通量层顶有所提高,4~5 级风时为 80 m 左右,≥8 级时上升到 109 m 甚至更高,200~250 m 存在风速极小值。3 种风型都表现出,满足对数律的近地边界层内小风比大风具有更好的拟合优度。

3)聚类 II 型站点风资料分析,浙北近海海岛站点与舟山浮标站的风矢量差多带有明显的偏南分量,而浙南近海站点与温州浮标站风矢量差多为东南风,而近海海岛站点风速与浮标站风速差值 δ 平行于海岸线,站点离岸距离是影响站点风速与浮标站风速差值 δ 的主要因子,离岸距离越远,站点风速越接近浮标站。

4)多个热带气旋(TC)适用性检验发现:对严重影响浙江沿海的 TC,考虑形状因子的兰金涡旋模型有一定的适用性,形状因子的取值大小与 TC 结构有关。

参考文献

班欣,冯还岭,祁欣,等,2012.连云港沿海近地层湍流强度特征[J].气象科技,40(2):285-292.

陈德文,董剑,袁方超,2012.基于 QuikSCAT 卫星遥感风场的台风最大风速半径反演及个例分析[J].海洋通报,31(4):376-383.

陈明,洪钟祥,1993.大气边界层观测资料的质量控制方案研究及其应用[J].大气科学,17(1):97-105.

陈彦,吕新,2008.基于 FCM 的绿洲农田养分管理分区研究[J].中国农业科学,41(7):2016-2024.

方平治,赵兵科,鲁小琴,等,2013.华东沿海地带台风风廓线特征的观测个例分析[J].大气科学,37(5):1091-1098.

高山红,吴增茂,1999.海岛测站大风资料代表性的数值模型分析[J].应用气象学报,10(3):333-338.

高新波,裴继红,谢维信,2000.模糊 c-均值聚类算法中加权指数 m 的研究[J].电子学报,28(4):80-83.

郭凤霞,朱文越,饶瑞中,2010.非均一地形近地层风速廓线特点及粗糙度的研究[J].气象,36(6):90-94.

胡邦辉,谭言科,王举,2004.热带气旋海面最大风速半径的计算[J].应用气象学报,15(4):427-435.

黄继章,范绍佳,宋丽莉,等,2009.广东博贺近海海面的一次冷空气过程强风特征分析[J].热带气象学报,25(5):635-640.

黄思源,傅伟忠,2015.气象梯度观测支架:201210301955.1[P].2015-5-13.

李鹏,田景奎,2011.不同下垫面近地层风廓线特征[J].资源科学,33(10):2005-2010.

李艳,史舟,吴次芳,等,2007.基于模糊聚类分析的田间精确管理分区研究[J].中国农业科学,40(1):114-122.

刘爱民,涂小萍,胡春蕾,等,2009.宁波气候和气候变化[M].北京:气象出版社:135-136,149-150.

刘辉志,冯健武,王雷,等,2013.大气边界层物理研究进展[J].大气科学,37(2):467-476.

刘小红,洪钟祥,1996.北京地区一次特大强风过程边界层结构的研究[J].大气科学,20(2):223-228.

刘学锋,任国玉,梁秀慧,等,2009.河北地区边界层内不同高度风速变化特征[J].气象,35(7):46-53.

刘学军,吴丹朱,马富春,1991.天津市250 m低层大气风廓线模式的试验研究[J].大气科学,15(5):33-39.

秦剑,赵刚,綦正信,等,2013.金沙江下游局地大气边界层风场变化特征[J].气象,39(6):749-758.

瞿安祥,麻素红,2007.非对称台风bogus方案设计和初步试验[J].应用气象学报,18(3):380-387.

申华羽,吴息,谢今范,等,2009.近地层风能参数随高度分布的推算方法研究[J].气象,35(7):54-60.

宋丽莉,毛慧琴,汤海燕,等,2004.广东沿海近地层大风特性的观测分析[J].热带气象学报,20(6):731-736.

谭晓伟,端义宏,梁旭东,2013.超强台风桑美(2006)登陆前后低层风廓线数值模拟分析[J].气象学报,71(6):1020-1034.

涂小萍,姚日升,漆梁波,等,2014.浙江省北部一次灾害性大风多普勒雷达和边界层特征分析[J].高原气象,33(6):1687-1696.

涂小萍,姚日升,杨豪,等,2013.一次入海温带气旋边界层气象要素观测分析[J].自然灾害学报,22(5):160-170.

王海霞,张宏升,李云峰,等,2013.上海浦东国际机场低层大气垂直风场特征研究[J].气象,39(11):1500-1506.

王亮,陆汉城,付伟基,等,2008.人造台风模型中三维风场的改进及敏感性模拟研究[J].气象科学,28(6):606-613.

王志春,植石群,2014.登陆台风启德近地层强风特性观测研究[J].气象科技,42(4):678-681.

徐家良,穆海振,2009.台风影响下上海近海风场特性的数值模拟分析[J].热带气象学报,25(3):281-286.

徐天真,徐静琦,楼顺里,1988.海面风垂直分布的计算方法[J].海洋湖沼通报,(4):1-6.

徐祥德,王寅钧,赵天良,等,2014.高原东南缘大气近地层湍能特征与边界层动力、热力结构相关特征[J].气象,40(10):1165-1173.

许映龙,矫梅燕,毕宝贵,等,2006.近海台风雷达定位方法应用研究[J].大气科学,30(6):1119-1129.

臧增亮,吴海燕,黄泓,2007.单多普勒雷达径向风场反演散度场的一种新方法[J].热带气象学报,23(2):146-152.

曾旭斌,赵鸣,苗曼倩,1987.稳定层结140米以下风廓线的研究[J].大气科学,11(2):153-159.

赵鸣,1993.论塔层风、温廓线[J].大气科学,17(1):65-76.

赵鸣,2006.大气边界层动力学[M].北京:高等教育出版社:1-350.

周秀骥,陶善昌,姚克亚,1991.高等大气物理学[M].北京:气象出版社:1-1277.

周仲岛,郑秀明,张保亮,1996.都卜勒雷达在台风中心定位与最大风速半径决定中的应用[J].大气科学(中国台湾),24:1-24.

朱首贤,沙文钰,丁平兴,2002.近岸非对称台风风场模型[J].华东师范大学学报(自然科学版),9(3):66-71.

BI L,JUNG J A,MORGAN M C,et al.,2011.Assessment of assimilating ASCAT surface wind retrievals in the NCEP Global Data Assimilation System[J]. Monthly weather review,139(11): 3405-3421.

GRAY W M,1991. Comments on "gradient balance in tropical cyclones"[J]. Journal of the atmospheric sciences,48(9):1201-1208.

KOROLEV V S,PETRICHENKO S A,PUDOV V D,1990. Heat and moisture exchange between the ocean and atmosphere in tropical storms Tess and Skip[J]. Russian meteorology and hydrology,2:108-111.

MACAFEE A W,PEARSON G M. 2006. Development and testing of tropical cyclone parametric wind models tailored for midlatitude application—preliminary results[J]. Journal of applied meteorology and climatology,45(9):1244-1260.

MOSS M S,MERCERET F J. 1976. A note on several low-layer features of hurricane Eloise (1975) [J]. Monthly weather review,104(7):967-971.

ISOGUCHI O,KAWAMURAH,2007. Coastal wind jets flowing into Tsushima and effect on wind-wave development[J]. Journal of the atmospheric sciences,64(1):564-578.

STULL R B,1988. An introduction to boundary layer meteorology[M]. New York:Kluwer Academic Publishers.

WANG S,LIU J,WANG B,2011. A new typhoon bogus data assimilation and its sampling method: a case study[J]. Atmospheric and oceanic science letters,4(5):276-280.

第3章

ASCAT反演风场在宁波沿海的评估和应用

海洋上实时测风资料很少,预报和服务需要更多依赖卫星反演风场和数值预报。美国 NASA 于 1999 年 7 月发射的极轨卫星 QuikSCAT 极大地推动了散射计反演风场资料在天气分析、预报和数值模式中的应用(方翔等,2007;周嘉陵等,2010;张德天等,2011;陈德文等,2012;Bentamy et al.,2008;Hersbach,2010)。QuikSCAT风场在广阔的海洋面上与海岛实测风一致性较好,但近海误差相对大,原因是陆地对散射信号产生的干扰带来了观测误差(Isoguchi,2007)。2006 年欧洲航天局(ESA)发射的星载散射计 Advanced SCATterometer(ASCAT)资料在国外也得到了很好的研究和应用,成为数值预报中海洋上重要的初始场同化资料之一(Hersbach,2010)。近年来,很多气象工作者对 ASCAT 风场在中国近海进行检验分析(Bi et al.,2011;沈春等,2013;张增海等,2014;高留喜等,2014),提高了对ASCAT产品的认识和应用能力,结果表明 ASCAT 反演风场具有较好的精度,ASCAT反演风速与距离海岸线较远的浮标观测风速具有较好的一致性,而对于距离海岸线较近的浮标站,观测风速和卫星反演风速相关性较差,反演风速在近海的误差要大于较远的开阔海域。安大伟等(2012)提出散射计海面非气旋风场块状模糊去除方法,有效地解决了 ASCAT 反演中非气旋区域风场块状模糊问题,但目前利用观测风资料对卫星反演风速进行订正的研究还不多。

空间一致性检验是气象资料质量控制中一个重要手段,刘小宁等(2006)用空间回归检验方法,尹嫦姣等(2010)用空间差值检验法进行气象资料质量控制,魏娜等(2012)采用二相回归法进行气象资料的均一性检测和订正。何志军等(2010)将一定范围内的邻近气象站按四方位进行分组,对浙江省76 个自动气象站的气温和降水资料进行实时质量控制。温华洋等(2013)提出了基于空间一致性的主备法和差值订正合成法两种数据处理算法,用来解决双套站产生的多套数据处理问题。气象工作者还尝试采用一种基于相似误差的模式后处理方法,对风电场风速进行误差订正,减小了预报的均方根误差和中心均方根误差(徐晶等,2013)。

3.1 ASCAT 反演风场评估

为了提高 ASCAT 反演风资料在浙江沿海的应用能力,对其进行了评估。所用 ASCAT 反演风速(下称 ASCAT 风速)为 2010 年 9 月—2014 年 9 月分辨率12.5 km 的 METOP-A 星近海风场产品,资料来自国家气象中心,评估首先针对浮标站测风进行。选择上海市、浙江省和福建省共 14 个浮标站(表 3.1.1)与 ASCAT 资料对应时次的整点 10 min 平均风速(下称浮标站风速),其中浙江省 2 浮标站资料时间与 ASCAT 一致(2010 年 9 月—2014 年 9 月),其他浮标站点资料时间为 2012 年 9 月—2014 年 9 月。浮标站和 240 多个浙江海岛和近岸陆地自动气象站资料来源于浙江省气象信息中心,入库保存时都进行了自动和人工审核,应用时没有进行资料质量控制。14 个浮标站距海岸线 30～305 km,大部分站点距海岸线距离在 60 km 左右,浮标站处 ASCAT 反演风具有可使用性。

风速参考站点为华东沿海 14 个浮标站/船标站,站点分布见图 3.1.1。

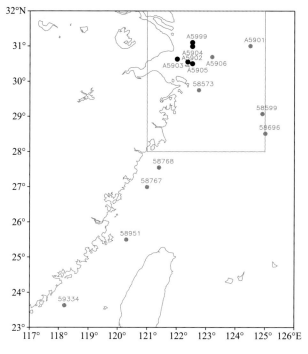

图 3.1.1　浮标站点/船标站分布

反距离权重插值:
$$Z_p = \sum_{i=1}^{n} \left(\frac{Z_i}{d_i^k} \bigg/ \sum_{i=1}^{n} \frac{1}{d_i^k} \right) \tag{3.1.1}$$

采用公式(3.1.1)反距离权重法将距离浮标站点最近的 9 个 ASCAT 风速插值到浮标站点,选择与浮标站风相应的时次,以浮标站资料为标准,计算浮标站处的 ASCAT 风速误差,得到表 3.1.1 中的平均偏差等统计量。

表 3.1.1　浮标站点地理信息和 ASCAT 风速检验

站号	站名	所属省份	纬度/°N	经度/°E	离岸距离/km	平均偏差/m·s⁻¹	均方根误差/m·s⁻¹	样本量
A5999	口外船标站	上海	31.10	122.53	62	2.82	3.46	409
A5904	南漕船标站	上海	30.99	122.53	60	2.40	3.15	313

站号	站名	所属省份	纬度/°N	经度/°E	离岸距离/km	平均偏差/m·s⁻¹	均方根误差/m·s⁻¹	样本量
A5901	东海浮标站	上海	31.00	124.50	248	0.55	1.93	249
A5906	海礁浮标站	上海	30.69	123.20	127	0.27	1.09	258
A5903	洋山浮标站	上海	30.63	122.01	30	10.03	11.23	179
A5902	航道浮标站	上海	30.55	122.37	59	4.92	5.81	386
A5905	黄泽洋船标站	上海	30.50	122.53	75	3.78	4.39	184
58573	舟山浮标站	浙江	29.75	122.75	61	1.08	1.79	1118
58599	平湖油田站	上海	29.07	124.91	283	0.50	2.64	268
58696	春晓油田站	上海	28.51	125.01	305	1.11	3.02	289
58768	温州浮标站	浙江	27.55	121.40	64	−0.03	1.25	1000
58767	宁德浮标站	福建	26.99	121.00	53	0.17	2.18	120
58951	福州浮标站	福建	25.50	120.30	63	0.23	1.23	142
59334	厦门浮标站	福建	23.63	118.20	53	0.25	1.43	143

表 3.1.1 可见:华东区域 14 个浮标站 ASCAT 风速误差一般为正,说明 ASCAT 风速普遍比实际风速偏大,误差最大为洋山浮标(A5903)10.03 m·s⁻¹,其次是航道浮标(A5902)4.92 m·s⁻¹。进一步分析可以发现:误差超过 2.0 m·s⁻¹ 的浮标站共 5 个,均分布在上海洋山港附近的舟山群岛海区(图 3.1.1 中黑色实心圆点位置),距大陆海岸线 30~75 km,5 个浮标站平均误差、平均绝对误差、均方根误差分别为 4.79 m·s⁻¹,4.87 m·s⁻¹,5.61 m·s⁻¹,而其他站点误差都相对较小(小于 1.20 m·s⁻¹,平均值为 0.46 m·s⁻¹,图 3.1.1 中灰色实心圆点位置)。分析这 5 个站点 ASCAT 风速明显偏大的主要原因可能是由于站点处于舟山群岛包围中,海区内岛屿多,地形影响明显偏大,需要进行系统误差订正。

3.2 ASCAT 反演风速订正

3.2.1 研究内容

1)将各浮标站点的样本按约 70% 和 30% 的比例分为回归样本和独立检验样本,建立各浮标站点的 ASCAT 风速回归订正方程,通过独立检验样本检验订正效果。

2)分析浮标站点间 ASCAT 风速误差的相关性,确定影响半径 R 的取值。根据邻近站点的反演风速误差具有相关性的特点,采用邻近站点的 ASCAT 回归方程订正和风速误差订正两种方法,考虑带影响半径的反距离权重法进行 ASCAT 风速订正,用浮标站作为待订正站点,评估订正效果。

3)对 ASCAT 风场进行风速订正试验,并与欧洲中期天气预报中心细网格 0 时效 10 m 风场进行对比分析。

3.2.2 插值方法

将某个站点风速订正结果或风速误差应用到周围海区时,其影响必然随着距离的增大而减弱,因此在公式(3.1.1)的反距离权重系数基础上乘以影响因子 $1-d_i/R$,得到带影响半径的反距离权重插值公式(3.2.1)。

$$Z_p = \sum_{i=1}^{n}\left(\frac{Z_i(1-d_i/R)}{d_i^k} \Big/ \sum_{i=1}^{n}\frac{1}{d_i^k}\right) \tag{3.2.1}$$

式中,n 为相应的样本量,Z_p 为 p 点的风速,Z_i 为第 i 个点的风速,d_i 为待插点与其邻域内第 i 个点之间的距离,k 为幂次,此处取 $k=2$。在进行 ASCAT 风速订正时采用带影响半径的反距离权重插值,这时 Z_i 为第 i 个点的风速订正值或风速误差,R 为影响半径。当 $d_i=0$ 时,影响因子为 1,当 $d_i=R$ 时,影响因子为 0,超过影响半径的站点不再考虑。

3.2.3 影响半径的确定

对 14 个浮标站中两两距离小于 400 km 的浮标站(共 53 组)进行 ASCAT 风速误差相关计算,图 3.2.1 显示了站点间风速误差的相关系数与距离的关系。可见两站距离在 160 km 以内时风速误差均为正相关,其中 20/24(83.3%)通过 0.01 的相关显著性检验;160 km 以上相关不明显,甚至出现负相关。对图 3.2.1 分别用线性

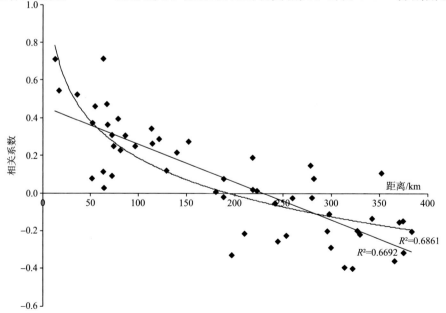

图 3.2.1 站点间 ASCAT 风速误差相关系数与距离的关系

和对数进行拟合,拟合优度 R^2 分别为 0.6692 和 0.6861,对数拟合结果更好,说明距离越小站点误差正相关增大得越多。根据图 3.2.1 中对数拟合曲线与横坐标的交点值和相关系数散点图的分布情况,认为 ASCAT 反演风速站点误差影响半径为 160 km,超出 160 km 的站点被认为误差不相关。

3.2.4　ASCAT 订正方法对比

基于站点误差相关性研究,提出两种 ASCAT 风速误差订正方法。

方法 1:用邻近站点的回归方程订正(回归方程订正法)。将区域内所有浮标站,用各站历史样本进行线性回归,计算出各站回归方程,将待订正点的 ASCAT 风速代入选定的邻近浮标站的回归方程进行计算,计算结果减去待订正点的 ASCAT 风速可得到该邻近浮标站提供的订正值,各邻近浮标站的提供的订正值用带影响半径(160 km)的反距离权重法进行加权平均得到 ASCAT 风速的订正值,ASCAT 风速加上这个订正值即可得到订正后的 ASCAT 风速。对逐个浮标站的全部历史资料进行计算,对比分析订正前后的风速误差(表 3.2.1)。

方法 2:用邻近站点的误差订正(风速误差订正法)。选取待订正站点和邻近浮标站的 ASCAT 风速和观测风速都同时存在的时次,当有多个邻近浮标站时可以允许部分浮标站风缺测,该时次按实际参与的邻近浮标站来进行订正。各邻近浮标站的 ASCAT 风速误差用带影响半径(160 km)的反距离权重法加权平均得到待订正站点的 ASCAT 风速的估算误差,将 ASCAT 风速减去该估算误差即可得到 ASCAT 风速的订正结果(表 3.2.1)。

表 3.2.1　不同订正方法 ASCAT 风速订正误差对比

订正方法	站号	站名	样本量	平均偏差/m·s⁻¹		均方根误差/m·s⁻¹	
				订正前	订正后	订正前	订正后
回归方程订正法	A5999	口外船标	409	2.82	0.64	3.46	2.09
	A5904	南漕船标	313	2.40	−0.13	3.15	2.06
	A5901	东海浮标	249	0.55	0.49	1.93	1.91
	A5906	海礁浮标	258	0.27	−0.98	1.09	1.44
	A5903	洋山浮标	179	10.03	6.25	11.23	7.46
	A5902	航道浮标	386	4.92	1.57	5.81	3.24
	A5905	黄泽洋船标	184	3.78	0.18	4.39	2.03
	58573	舟山浮标	1118	1.08	0.14	1.79	1.46
	58599	平湖油田	268	0.50	−0.17	2.64	2.61
	58696	春晓油田	289	1.11	0.81	3.02	2.94
	平均值			2.74	0.88	3.85	2.72

订正方法	站号	站名	样本量	平均偏差/m·s⁻¹		均方根误差/m·s⁻¹	
				订正前	订正后	订正前	订正后
风速误差订正法	A5999	口外船标	130	2.74	0.94	3.41	1.96
	A5904	南漕船标	115	2.01	−0.31	2.97	1.52
	A5901	东海浮标	51	1.07	0.94	2.21	2.14
	A5906	海礁浮标	236	0.33	−1.30	1.08	1.79
	A5903	洋山浮标	167	10.62	7.98	11.58	9.02
	A5902	航道浮标	262	3.77	0.09	4.65	2.50
	A5905	黄泽洋船标	184	3.78	0.72	4.39	2.32
	58573	舟山浮标	268	1.19	−0.01	1.99	1.51
	58599	平湖油田	237	0.58	−0.03	2.68	1.84
	58696	春晓油田	238	1.03	0.67	2.92	2.06
		平均值		2.71	0.97	3.79	2.67

分析表 3.2.1，两种订正方法的结果比较一致：邻站方程订正法、邻站误差订正法订正后平均偏差分别减小 1.86 m·s⁻¹(67.9%)，1.74 m·s⁻¹(64.2%)，均方根误差分别减小 1.19 m·s⁻¹(29.2%)，0.89 m·s⁻¹(29.6%)。各站点分析，除海礁浮标站(A5906)外，都有较好的订正效果，总体来说两种订正方法的结果的差异较小，邻站方程订正法效果略优。海礁浮标站订正没有正效果，分析原因是该站 ASCAT风速平均偏差仅 0.27 m·s⁻¹(表 3.1.1)，本身的 ASCAT风速就有很好的代表性，按邻近站点对其所作的订正造成风速往下订正的量过大。对于洋山浮标站(A5903)，虽然两种订正方法都有正的效果，但误差减小程度远远没有该站自身回归订正效果明显(表 3.2.1)，究其原因，该站误差最大，根据邻近站点的回归方程或风速误差所做的订正幅度偏小。

3.2.5 浙江近海 ASCAT 反演风速订正方法试验

在前面方法研制时只用了浮标站资料，没有考虑浙江省沿海中尺度气象站资料。分析 2010—2014 年浙江舟山浮标站(58573)周围海岛和近岸陆地站点测风资料，发现站点平均风速与海拔高度没有相关性，与近地层风廓线理论中海拔越高风速越大不一致，分析其主要原因是站点风速除受到海拔高度影响外，还受岛屿、地形、周边环境等影响，而这些影响难以用统一的标准去估算，因此不能将站点测风等同于海面 10 m 风或只简单地进行高度订正。

基于上述两种订正方法，对海区内 ASCAT 风速进行订正试验，选择 2 次大风天气个例(2014 年 1 月 18 日 08 时和 2014 年 2 月 18 日 20 时)，以相应时次欧洲天气预报中心(ECMWF)细网格(0.25°×0.25°分辨率)模式的 0 时效 10 m 风速(下称ECMWF风速)为标准，计算两种方法的订正误差。为了考察观测资料密度对订正效果的影响,加入浙江海岛和近岸 240 多个气象观测站资料(应用这些气象观测站风速资料时未进行高度订正),由于回归方程订正法需要对逐个站点建立回归方程,而中尺度气象观测站风速代表性有限,表 3.2.1 中两种方法误差订正效果差异也不大,故只在风速误差订正法中加入中尺度气象观测站资料来考察观测资料密度对订正效果的影响。

2 次过程共有 1492 个 ASCAT 风速,订正前后与 ECMWF 风速的偏差情况为:订正前平均偏大 1.06 m・s^{-1},订正后分别减小到 0.1~0.3 m・s^{-1},但平均绝对误差改变不大,均保持在 1 m・s^{-1}左右,可见两种方法都能有效地减小平均偏差,考虑中尺度站资料的风速误差订正后的风速平均偏差最小,说明提高站点分辨率能进一步改进订正效果。图 3.2.2 给出了 2014 年 1 月 18 日 08 时 ASCAT 风速订正前后与 ECMWF 风速的偏差图,图 3.2.2a 为订正前的偏差情况,上海洋山港到和黄泽洋附近分别有 11 m・s^{-1}和 6 m・s^{-1}以上的最大和次大风速偏差中心,舟山群岛附近海区 ASCAT 风速明显高于 ECMWF 风速,经回归方程订正后(图 3.2.2b)上述 2 个大值中心的偏差已经减到 1 m・s^{-1}以下,但受上海洋山港和黄泽洋浮标站历史误差较大的影响,也给其周围海区带来一定范围的过度订正(负值偏差),其他海区的偏差订正前后相比变化不大。风速误差订正(图 3.2.2c)效果与图 3.2.2b 类似,但 2 个大的偏差中心仍然有 3 m・s^{-1}和 1 m・s^{-1}以上的正偏差,其周围和北侧海区出现较大范围的负值偏差,而且达到 -4 m・s^{-1}以下。考虑浙江近海中尺度气象站测风后(图 3.2.2d),与图 3.2.2b 和图 3.2.2c 相比,由于提高了站点分辨率,靠近陆地的近海偏差表现更为复杂、精细,靠近大陆海岸线的浙北近海出现较大范围 1~2 m・s^{-1}的负值偏差,表明订正后的 ASCAT 风速小于 ECMWF 风速,原因是由于大部分近海海岛气象站测风小于舟山浮标站,对 ASCAT 风速进行了相对大的负值订正。虽然近海海岛测风不能完全等同于海平面 10 m 风,但也揭示了近海海区受岛屿等小尺度地形影响,风速分布更为复杂,这些负值订正区也可能包含了由于 ECMWF 风速没有考虑岛屿等小地形影响而导致浙江近海风有所偏大所致。

上述分析是以 ECMWF 风速为参考对象,而 ECMWF 风速场自身也可能存在一定的误差,所以分析结果也包含了 ECMWF 风速自身的误差成分。将订正前后 ASCAT 风速按照反距离权重法、ECMWF 风速按双线性法分别插值到海区内有观测资料的浮标站,以浮标站观测值为真值进行误差分析,2 次过程统计结果表明:订正前平均误差 2.09 m・s^{-1},两种方法订正后分别为 -1.09 m・s^{-1}和 0.02 m・s^{-1},考虑中尺度站资料的风速误差订正后为 0.30 m・s^{-1},ECMWF 风速误差则为 -0.63 m・s^{-1};订正前平均绝对误差 3.18 m・s^{-1},两种方法订正后分别减小为 1.28 m・s^{-1}和 0.45 m・s^{-1},考虑中尺度站资料的风速误差订正后为 1.10 m・s^{-1},而 ECMWF 风速绝对误差为 1.66 m・s^{-1},再次证明 ASCAT 风速在浙江北部近海有 2 m・s^{-1}以上的正误差,经过合理的订正可以得到改善,与 ECMWF 风速相比,方法的订正结果不比 ECMWF 风速误差大,具有业务应用价值。

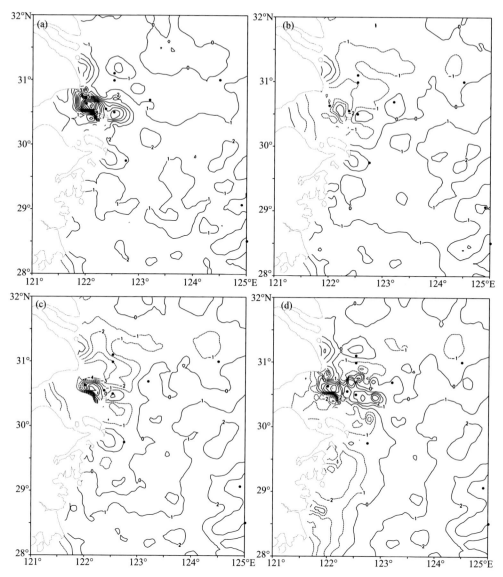

图 3.2.2　2014 年 1 月 18 日 08 时 ASCAT 风速订正前后与 ECMWF 风速的偏差

（a：未订正；b：回归方程订正；c：风速误差订正；d：加中尺度站的风速误差订正；图中黑色实心圆点为浮标站）

3.3　冷空气大风的 ASCAT 风场参考性

在 2009—2013 年冬季 12—2 月浙江沿海 116 次冬季大风个例中，有 62 次 ASCAT 有效风场资料，图 3.3.1a 为其平均风速，与 ASCAT 平均风速对比明显不同，在上海洋山港附近海区 ASCAT 风速出现高值中心，这是由于靠近海岸线时散射计风场受到地形等噪音影响所致。将 ASCAT 风速按反距离权重（张增海等，2014）插值到浙江近海站点，并与观测资料进行相关分析发现（图 3.3.1b）：浙江近海海岛站观测风速与 ASCAT 风速的相关系数分布总体表现出平行于海岸线、呈自西向东逐渐增大的特点，浙北近海多数自动站相关系数比浙南低，沿浙江省海岸线和洋山港附近海区二者相关系数小于 0.30，ASCAT 反演风速的可参考性很差。相关系数超过 0.50 的站点一般离岸距离超过 30 km，其中舟山和温州浮标站相关系数达到 0.76 左右，反演风速与实况具有较好的一致性，但反演风速小于实测风速，平均分别偏小 3.4 m·s^{-1} 和 3.2 m·s^{-1}，风向误差 10°左右。

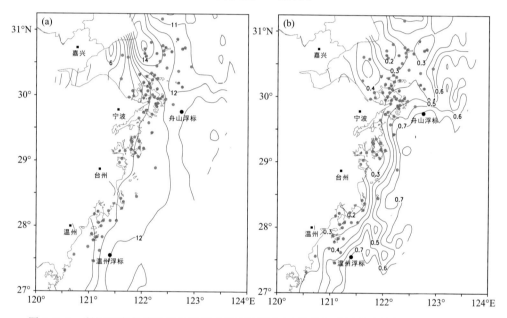

图 3.3.1 浙江近海冬季冷空气平均 ASCAT 风速(a)及其与观测风速的相关系数分布(b)

根据公式（2.3.1）和浮标站风速可以得到浙江近海每次大风过程 ASCAT 站点的理想推算风速，对每次大风过程的 ASCAT 风速的误差求平均，可以得到 ASCAT 风速需要订正的值（图 3.3.2a）。图中可见：杭州湾入口向南到台州沿海的大多数自动站点未订正的 ASCAT 反演风速大于订正后的风速，最大在洋山港附近海区偏高 3 m·s^{-1} 以上，而浙北舟山普陀山以东海区、浙南的温州近海 ASCAT 反演风速一般偏小。将 ASCAT 反演风速应用到浙江冬季冷空气大风的预报和服务时需要考虑这种误差。图 3.3.2b 为浙江近海订正后的 ASCAT 风速场，可见订正后的 ASCAT 风速等值线平行于海岸线逐渐增大，与卢美等（2011）利用浙江嵊泗、嵊山、大陈、北麂、南麂站资料以及 NCEP 再分析资料得到的结论基本一致。订正后的 ASCAT 风速与实况观测误差绝对值一般不超过 2 m·s^{-1}（图 3.3.2c）。

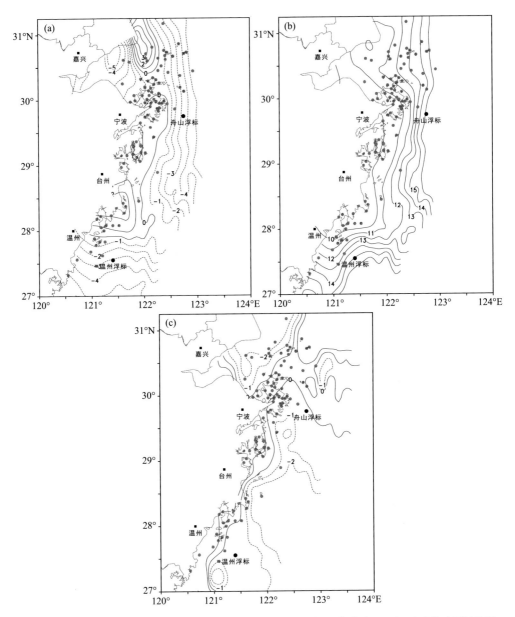

图 3.3.2　浙江近海冬季冷空气影响时 ASCAT 风速订正值分布(a)、订正后的 ASCAT 风速(b)及其与观测风速误差场(c)(单位:m·s⁻¹)

3.4　小结

通过对 2010—2014 年 ASCAT 反演风速在华东沿海 14 个浮标站/船标站的评估和订正方法研究,得到以下结论:

1)14 个浮标站 ASCAT 风速普遍比实际风速偏大,误差超过 2 m·s^{-1} 的浮标站点有 5 个,都集中在舟山群岛海区,平均误差 4.79 m·s^{-1},其他海区浮标站的平均误差仅 0.46 m·s^{-1}。可见 ASCAT 风速误差不仅与站点的离岸距离有关,还与站点周围地形有很大关系。

2)回归方法能明显减小 ASCAT 风速误差,同时平均绝对误差和均方根误差也都有大幅度减小,平均误差由 2.02 m·s^{-1} 减小为 0.14 m·s^{-1},误差较大的站点订正效果更好。

3)邻近站点间 ASCAT 风速误差存在相关性,且站点间距离越小,误差相关越明显,站点间距离 160 km 以上误差相关不明显,甚至出现负相关。站点间误差相关系数与距离关系的对数拟合优于线性拟合。

4)回归方程订正法、风速误差订正法 2 种方法都有很好的订正效果,前者略优。以 ECMWF 风速为参考对象进行 ASCAT 风速订正试验,3 个试验方案都能有效减小平均偏差,订正后风速误差不比 ECMWF 大,而加入中尺度站点资料后的风速误差订正法的误差最小,说明提高站点分辨率能进一步改进订正效果。

5)冷空气大风时站点测风与 ASCAT 反演风速相关系数超过 0.5 的站点离岸距离一般超过 30 km,舟山和温州 2 个浮标站测风与 ASCAT 反演风具有较好的相关性。订正后的结果与实况相比误差更小。

分析所用的浮标站点总体分辨率较低且空间分布不均匀,2 种订正方法的效果在很大程度上都取决于订正所用的邻近站点误差情况,而站点距离越近误差相关性就越大,所以有必要加快浮标站的建设,形成合理的浮标站观测网;另外,探寻沿海站点测风垂直高度订正方法,将其合理订正成海面 10 m 风也是增加海面风观测资料的途径之一。只有提高海面风观测与遥感资料的融合分析技术,才能满足日益增长的海上航行、作业等对气象服务的需求。

参考文献

安大伟,谷松岩,杨忠东,等,2012.散射计海面非气旋风场块状模糊去除方法[J].应用气象学报, 23(4):485-492.

方翔,咸迪,李小龙,等,2007.QuikSCAT 洋面风资料及其在热带气旋分析中的应用[J].气象,33 (3):33-39.

高留喜,朱蓉,常蕊,2014.QuikSCAT 和 ASCAT 卫星反演风场在中国南海北部的适用性研究[J]. 气象,40(10):1240-1247.

何志军,封秀燕,何利德,等,2010.气象观测资料的四方位空间一致性检验[J].气象,36(5): 118-122.

刘小宁,鞠晓慧,范邵华,2006.空间回归检验方法在气象资料质量检验中的应用[J].应用气象学报,17(1):37-42.

刘宇迪,任景鹏,周鑫,2011.散射计风场的三维变分对海雾数值模拟的影响[J].应用气象学报,22

(4):472-481.

鲁小琴,雷小途,2005.用地理信息系统改进热带气旋的客观定位精度[J].应用气象学报,16(6):
841-848.

沈春,项杰,蒋国荣,等,2013.中国近海 ASCAT 风场反演结果验证分析[J].海洋预报,30(4):
27-32.

魏娜,孙娴,姜创业,等,2012.台站迁移对陕西省气温资料均一性的影响及其偏差订正[J].气象,
38(12):1532-1537.

温华洋,华连生,金素文,等,2013.基于空间一致性的双套站数据选取方法探索[J].气象,39(8):
1069-1075.

谢小萍,魏建苏,黄亮,2014.ASCAT 近岸风场产品与近岸浮标观测风场对比[J].应用气象学报,
25(4):445-453.

徐晶晶,胡非,肖子牛,等,2013.风能模式预报的相似误差订正[J].应用气象学报,24(6):731-740.

杨晓君,张增海,2014.ASCAT 洋面风资料在中国北方海域的真实性检验[J].海洋预报,31(5):
8-12.

尹嫦姣,江志红,吴息,等,2010.空间差值检验方法在地面气象资料质量控制中的应用[J].气候与
环境研究,15(3):229-236.

张增海,曹越男,刘涛,等,2014.ASCAT 散射计风场在我国近海的初步检验与应用[J].气象,40
(4):473-481.

BENTAMY A,CROIZE-FILLON D,PERIGAUD C,2008. Characterization of ASCAT measure-
ments based on buoy and QuikSCAT wind vector observations[J]. Ocean science,4(4):
265-274.

BI L,JUNG J A,MORGAN M C,et al.,2011. Assessment of assimilating ASCAT surface wind
retrievals in the NCEP global data assimilation system[J]. Monthly weather review,139(11):
3405-3421.

HERSBACH H,2010. Assimilation of scatterometer data as equivalent neutral wind[R]. Reading:
European Centre for Medium-Range Weather Forecasts.

LI L,WU X B,LI Y,et al,2012. Ocean surface wind and wave monitoring at Typhoon Fung-Wong
by HFSWR OSMAR071[J]. Journal of remote sensing,16(1):154-165.

ISOGUCHI O,KAWAMURA H,2007. Coastal wind jets flowing into Tsushima and effect on wind-
wave development[J]. Journal of the atmospheric sciences,64(1):564-578.

第4章

灾害性大风近地面
阵风特征

风力达到一定等级就可能造成风灾,风灾不仅是海难事故发生的主要原因(尹尽勇等,2009),而且可能对民航、高速铁路甚至生命财产安全等造成严重影响。国内外列车倾覆分析发现,强横风对高速列车的最大危险不是平均风速,而是瞬时强阵风(马淑红等,2011)。2015 年 6 月 1 日"东方之星"号客轮在湖北监利水域翻沉,本次灾难就是小尺度强对流天气瞬时特大强风造成(郑永光等,2016)。研究强风条件下的阵风特性是气象和建筑行业一个重要课题,并且一直受到气象学者的关注。

4.1 灾害性大风的阵风特征研究进展

早在二十世纪六七十年代,国外就有强风条件下的阵风研究工作。在假定阵风是由于边界层快速移动的扰动涡旋导致的前提下,Brasseur(2001)提出了一种估算地面阵风的方法。阵风与平均风速的关系常用阵风系数来表达,因此阵风系数的分析和研究对阵风预报有重要意义。Yu 和 Chowdhury(2009)分析发现热带气旋(TC)近地面阵风系数较温带气旋高 10%~15%,而下垫面粗糙度增大会导致湍流强度和阵风系数的增大。2012 年 Thorarinsdottir 和 Johnson 利用非均一性高斯回归方法对阵风系数进行分析,并将分析结果用于模式阵风预报,取得了较好的效果,为模式风力产品解释应用提供了很好的借鉴。为了检验美国国家气象中心(the National Weather Service,简称 NWS)风灾潜势公众预警临界值的适用性,Miller 和 Black(2016)对气候数据集逐日测风与风暴数据集人工报告的大风事件进行对比分析,结果发现约 92% 的人工报告非强对流大风事件伴随的阵风小于 NWS 预警临界值(25.9 m·s^{-1}),在导致人员伤亡的风灾事件中 74% 以上阵风低于预警临界值。

近年来国内已有不少阵风系数的研究成果。2001 年董双林就对中国地面到300 m 高空阵风极值及阵风因子进行统计研究,结果已应用于国家军用标准的制定。我国现行建筑结构规范给出了 4 类粗糙度条件下离地面 5~300 m 高度层的阵风系数。2004 年宋丽莉通过对比分析广东沿海 8 级以上大风过程的阵性特征,发现不同天气系统大风的阵风系数明显不同,冷空气明显小于热带气旋,并指出相关国家规范中存在风参数误差。分析发现:给我国北方带来沙尘暴的春季冷空气大风常叠加有周期为 3~6 min 的阵风,且有明显的相干结构,阵风扰动以沿平均流的顺风方向分量为主,其本质是低频次声波和重力波的混合,曾庆存等

(2007)还对阵风起沙增益进行过理论探讨。李亚春等(2008)利用胶州湾北部海岸超声风梯度观测资料,分析了不同强风样本的湍流度、阵风因子、摩擦速度等参数,其结果对提高结构风工程中风参数计算具有科学意义。随着探测手段的多样化,TC个例的阵风特征研究得到了加强。分析发现:TC阵风特性随下垫面粗糙长度的变化而显著改变,TC中心经过前和经过后不同来向风的阵风系数会因为其经过的下垫面不同而明显不同。TC强风阵风系数不随风速大小产生趋势变化,但在粗糙下垫面上会产生很大的变幅,现行规范推荐的关于表征阵风特性的参数不一定完全适用于不同下垫面情况(陈雯超等,2011)。不同天气系统、不同下垫面大风的阵风系数不同,因此不同地区强风阵风系数需要更多实际观测资料来进行分析和验证。

风力预报基于数值产品,但数值预报没有阵风输出,按照浙江省气象部门规定,业务预报时采用2级跨度原则,如平均风力预报6级,则阵风可预报到8级,业务规范平均阵风系数约1.4,短时强对流大风时这样的原则可能并不符合实际,尚待分析和验证。为了更好的对模式输出风力产品进行阵风输出解释应用,加强对不同灾害性天气系统影响下的阵风特性研究是很有必要的。

基于2011—2013年浙江省AWS逐日逐10 min资料,以TC、冷空气和强对流天气系统影响下浙江省陆地和近海海区阵风系数为研究对象,分析浙江省大风事件的阵风系数时空分布特征,及阵风系数与地理要素和平均风力的相关关系,进一步建立回归预报模型,更好地为浙江省风力数值产品释用和大风预报服务提供参考。

WMO给出阵风系数的定义为(Harper et al.,2008):在时距T_0的时间段内持续时间为τ的最大风速与时距为T_0的平均风速之比,即:

$$G_{\tau,T_0} = \frac{V_{\tau,T_0}}{V_{T_0}} \tag{4.1.1}$$

(4.1.1)式中V_{τ,T_0}为观测周期T_0中持续时间τ的风速最大值(阵风),V_{T_0}为观测周期T_0的风速平均值。阵风系数计算时T_0必须大于3 min才具有代表性(刘小红等,1996)。观测和预报业务规定:1 h最大风速是指1 h内10 min平均风速的最大值,而阵风则是3 s最大风速。取T_0为10 min,τ为3 s,与业务规定一致。

基于2011—2013年浙江省AWS站点逐日逐10 min测风资料,根据导致大风的天气系统分别挑选冷空气、热带气旋和强对流个例。资料来源于浙江省气象信息中心,包括10 min平均风速、风向和1 h极大风速、风向、极大风速出现时间。所用资料进入数据库保存前已进行过极值检查、要素逻辑关系检查、缺测资料处理等自动质量控制(李铁等,2004)。应用时进一步进行了人工审核。

计算阵风系数时,首先查询逐小时阵风V_{τ,T_0}及其出现时刻,该时刻对应10 min最大风速即为(4.1.1)式中的V_{T_0}。例如V_{τ,T_0}出现在10:53,则取10:51—11:00的10 min平均风速为V_{T_0}。在静风或弱风条件下$V_{T_0}=0$或者很小,阵风系数计算意义不大,因此平均风速V_{T_0}≤0.1 m·s^{-1}时的站点阵风系数不参与分析。

冷空气和 TC 大风个例挑选以浙江近海和海岛 131 个测风站资料为参考,当逐 12 h 最大风力≥6 级或极大风力≥8 级的站点数超过其中 30%时记为 1 次大风个例,2011—2013 年共计 167 次,其中冷空气个例 131 次,热带气旋个例 36 次,路径包含登陆浙江、沿浙江近海北上及登陆福建三种情况。6—8 月由于强对流导致站点最大风力≥6 级或极大风力≥8 级时为强对流大风事件,不考虑降水等其他要素,强对流事件从发生到结束计为 1 次个例,2011—2013 年浙江省共计 57 次、847 站出现过强对流大风。

按照平均风向八个方位,即北(N)、东北(NE)、东(E)、东南(SE)、南(S)、西南(SW)、西(W)、西北(NW),对测风资料进行风向划分,分析冷空气、TC 系统影响时不同风向下阵风系数特征。强对流大风没有考虑风向的影响。

4.2 灾害性大风阵风系数特征

4.2.1 冷空气大风阵风系数特征

冷空气大风主要为西北、偏北和东北大风,图 4.2.1a～c 分别为西北、偏北和东北冷空气大风时阵风系数空间分布,可见 3 种风向时阵风系数空间分布基本相同,浙江省近海海区阵风系数一般小于 1.5,且平行于海岸线自西向东稍有减小,符合浙江省气象部门风力预报采用 2 级跨度的业务规范(平均阵风系数约为 1.4)。陆地由于平均风速小,阵风系数均超过 2.0,宁波到台州的西部山区及西南部的金华、丽水和衢州山区阵风系数可超过 3.0,显示山区地形对阵风系数的明显增强作用。

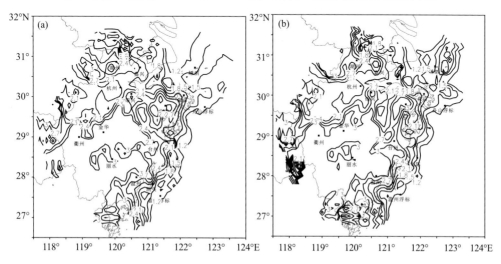

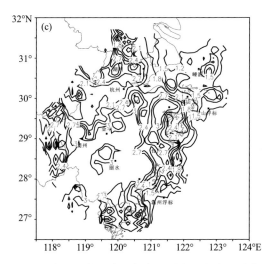

图 4.2.1 西北、偏北和东北冷空气大风时浙江省阵风系数空间分布
(黑色小方块为部分气象站点位置,a:西北风;b:偏北风;c:东北风)

4.2.2 热带气旋大风阵风系数特征

热带气旋影响时不同风向均可能在浙江近海产生大风,且不同风向等风速线分布有所不同,但阵风系数空间分布差异不大。图 4.2.2a～h 是热带气旋大风时偏北(N,a)、东北(NE,b)、偏东(E,c)、东南(SE,d)、偏南(S,e)、西南(SW,f)、偏西(W,g)、西北(NW,h)阵风系数空间分布,可见热带气旋大风时不同风向阵风系数分布与冷空气基本相似,风向对阵风系数的空间分布基本不影响,均表现出海面阵风系数小于陆地,海区阵风系数平行于海岸线自西向东稍有减小,符合风力预报采用 2 级跨度的业务规范,而陆地阵风系数一般超过 2.0,山区阵风系数可超过 3.0。

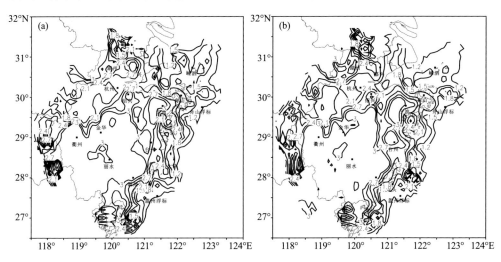

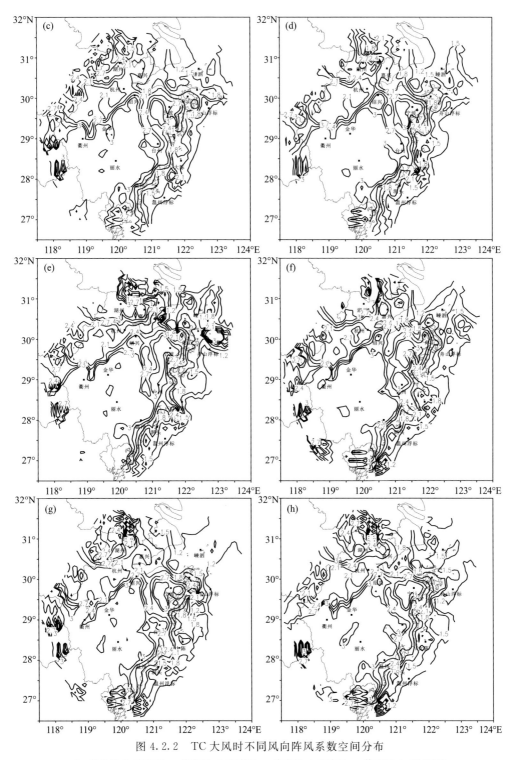

图 4.2.2 TC 大风时不同风向阵风系数空间分布

(a:偏北风;b:东北风;c:偏东风;d:东南风;e:偏南风;f:西南风;g:偏西风;h:西北风)

4.2.3 强对流大风阵风系数特征

强对流是最容易导致突发性风灾的天气系统,阵风风力可达到或超过 8 级。研究时段内共计 4185 站次强对流大风事件的平均阵风系数为 1.8,与 2014 年 16 号强热带风暴"凤凰"登陆浙江沿海后观测到的近地层其中心附近 1.8 以上的阵风系数相当,大于业务规定的平均 1.4 的阵风系数。可见强对流大风事件发生时,阵风预报不一定满足目前预报业务规定的阵风较平均风偏高 2 级的原则,业务预报和服务中应当适当增大平均风与阵风的级别跨度。

4.3 基于阵风系数的站点分类

分析发现:风向基本不影响站点阵风系数,以偏北大风的阵风系数资料为代表,应用模糊聚类(FCM)方法分别对冷空气和 TC 影响时浙江省自动气象站点进行空间聚类,以分析阵风系数的站点共性。冷空气和 TC 大风柔性参数 m 值分别为 2.0 和 1.9。图 4.3.1 为冷空气和 TC 大风时柔性参数分别为 2.0 和 1.9 时 FPI 指数随聚类数 C 变化趋势,可见分类数为 2 时 FPI 指数最小,即将浙江省自动气象站点进行 2 组空间聚类可以得到最好模糊聚类结果。

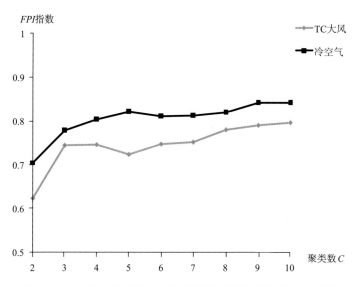

图 4.3.1　冷空气和 TC 大风时 FPI 指数随聚类数 C 变化趋势

图 4.3.2a 和 4.3.2b 分别为冷空气和 TC 进行 2 组聚类后的空间站点分布,可见两种天气系统下站点空间分布型很接近:沿海海岛和浙江北部平原地区大部分站点被划分为同一种类型(图中黑色实心圆点,下称聚类Ⅰ型),而浙江中南大部分站点和浙江北部山区站点被聚为另一类(图中灰色实心圆点,聚类Ⅱ型),表明冷空气

和 TC 影响时浙江沿海海岛和浙江北部大部分平原站点与浙江中南部站点在阵风系数特征表现上有所不同,而天气系统对站点阵风系数空间属性区划影响不大。

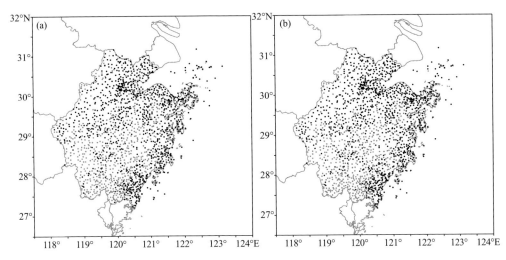

图 4.3.2　C=2 时冷空气和 TC 大风模糊聚类站点空间分布

(a:冷空气;b:TC 大风;黑色圆点:Ⅰ型;灰色圆点:Ⅱ型)

表 4.3.1 为冷空气和 TC 大风事件站点空间聚类统计结果。在参与聚类的站点中,冷空气和 TC 时Ⅰ型站点数分别为 1093 和 1119,平均海拔高度 83 m 和 70 m,平均阵风系数分别为 2.4 和 2.3,海拔高度和平均阵风系数均低于参与分析的全省自动气象站平均值,而Ⅱ型站点数分别为 627 和 601,平均海拔高度 347 m 和 400 m,阵风系数分别达到 3.6 和 3.5,均明显高于全部站点平均值。全省海拔高度≥400 m 的站点中,冷空气和 TC 时分别有 226(85%)和 260(84%)属于Ⅱ型站点,而海拔低于 70 m 的站点中,分别有 691(87%)和 723(98%)属于Ⅰ型聚类结果,冷空气影响下 70~400 m 之间的站点各有 54%(361/663)和 46%(302/663),而 TC 影响时各有 51%(345/673)和 49%(328/673)。

表 4.3.1　模 糊 聚 类 站 点 统 计

天气型	聚类型	平均海拔/m	平均阵风系数	站点数			
				≥400 m	<70 m	70~400 m	合计
冷空气	Ⅰ型	83	2.4	41	691	361	1093
	Ⅱ型	347	3.6	226	99	302	627
	全部	180	2.8	267	790	663	1720
TC	Ⅰ型	70	2.3	51	723	345	1119
	Ⅱ型	400	3.5	260	13	328	601
	全部	185	2.7	311	736	673	1720

综上所述可见，400 m 以上的高海拔站点多分属于聚类Ⅱ型站点，而 70 m 以下的站点则多属聚类Ⅰ型，二者在空间属性上有很大的不同，前者阵风系数明显大于后者，在一定程度上体现出山区地形对站点阵风系数的增强作用。浙江省地形总体由西南向东北倾斜，浙西南大部分站点属聚类Ⅱ型，而浙北沿海和海岛的低海拔站点则多属聚类Ⅰ型，阵风系数明显小于聚类Ⅱ型站点，基本满足业务规定阵风与平均风速的关系，而 70～400 m 之间的站点所属空间类别比例相近，可能与各自动站点所在位置的具体地形地貌有关。

表 4.3.2 列出了不同天气系统大风时浙江省自动气象站点阵风系数与经度、纬度、海拔高度及 10 min 平均风速的相关系数，可见强对流大风的阵风系数与 TC 和冷空气表现不同。对于冷空气和 TC 大风，不同风向时阵风系数与站点经度、纬度、海拔高度和平均风速相关系数差异不大，进一步表明站点阵风系数与风向基本无关，不同风向阵风系数与站点经、纬度呈负相关，与海拔高度呈正相关，意味着站点位置越偏南(纬度越小)、越偏西(经度越小)阵风系数越容易偏大，而海拔越高，阵风系数越大，本质上体现了浙江省特有的自西南向东北递减的地形特点对阵风系数的影响，因此站点经度、纬度、海拔高度 3 个因子对阵风系数的作用并不相互独立。阵风系数与平均风速呈高的负相关关系，表明风速大小对阵风系数有重要作用，且平均风速越大，阵风系数越小。

表 4.3.2 阵风系数与各因子的相关系数

天气系统	风向	纬度/°N	经度/°E	海拔高度/m	平均风速/m·s⁻¹	样本量
冷空气	北	−0.234	−0.254	0.195	−0.585	1820
	东北	−0.203	−0.206	0.174	−0.582	1799
	东	−0.219	−0.166	0.181	−0.554	1754
	东南	−0.167	−0.115	0.115	−0.494	1605
	南	−0.175	−0.144	0.110	−0.458	1599
	西南	−0.251	−0.145	0.169	−0.468	1675
	西	−0.267	−0.222	0.209	−0.520	1754
	西北	−0.252	−0.297	0.232	−0.576	1808
热带气旋	北	−0.245	−0.272	0.187	−0.576	1720
	东北	−0.282	−0.291	0.230	−0.624	1715
	东	−0.288	−0.291	0.253	−0.630	1720
	东南	−0.246	−0.294	0.216	−0.573	1711
	南	−0.203	−0.264	0.217	−0.501	1657
	西南	−0.227	−0.236	0.228	−0.525	1672
	西	−0.284	−0.292	0.251	−0.543	1686
	西北	−0.251	−0.287	0.229	−0.542	1701
强对流		−0.010	−0.171	0.059	−0.418	4185

对于强对流大风过程,阵风系数与经度、纬度和海拔高度的相关系数均很小,可见强对流大风与站点所在地理位置无关,但与 10 min 平均风速有较好的负相关性,相关系数为 -0.418,通过 0.001 信度的显著性检验。

4.4 阵风系数预报模型建立及检验

数值模式产品只有 10 m 高度的平均风输出,产品释用时有必要考虑阵风系数才能做好阵风预报。基于上述分析,对偏北风时的冷空气和 TC 大风,选择站点平均风速和海拔高度 2 个因子建立阵风系数预报方程并进行检验。将全省站点按照7∶3的比例分为统计样本和回归样本,通过逐步回归方法分别建立冷空气和 TC 天气影响下阵风系数回归方程,样本分类站点选择时尽可能考虑了空间分布和风速的均匀性。分别建立冷空气和 TC 大风聚类分型前后的阵风系数回归模型。得到的方程表达式如下:

$$冷空气 \begin{cases} 未分型: Y = 3.360 - 0.263X_1 + 0.001X_2 \\ \text{I} 型: Y = 4.284 - 0.356X_1 - 0.001X_2 \\ \text{II} 型: Y = 2.836 - 0.163X_1 - 0.001X_2 \end{cases}$$

$$热带气旋 \begin{cases} 未分型: Y = 3.141 - 0.173X_1 + 0.001X_2 \\ \text{I} 型: Y = 2.580 - 0.082X_1 - 0.001X_2 \\ \text{II} 型: Y = 4.477 - 0.348X_1 - 0.001X_2 \end{cases} \tag{4.4.1}$$

式中,Y 为阵风系数预测值,X_1 为 10 min 风速(单位:m·s^{-1}),X_2 为海拔高度(单位:m)。

对各方程进行显著性检验,计算的 F 值如表 4.4.1 所示,均远大于置信水平 0.01 的 F 临界值。在参数估计中,两个变量的 t 检验都达到 0.05 的显著水平,说明变量和回归方程是显著的,具有预测意义。表 4.4.1 还列出了聚类分型前后所建模型的预测检验指标,可见聚类分型后热带气旋大风无论是 I 型还是 II 型站点的阵风系数预测模型都比未分型有提高,相关系数提高了 0.1 以上,绝对偏差减小了 0.1 以上,而冷空气 II 型站点的阵风系数预报绝对偏差减小了 0.326,平均偏差仅 -0.073,I 型站点阵风系数预测模型性能改善稍差,但减小了平均绝对偏差和均方根误差,预测模型的稳定性得到改善。

表 4.4.1 逐步回归预报模型检验

天气系统	聚类型	回归样本数	独立检验样本数	F 值	相关系数	平均偏差	绝对偏差	均方根误差
冷空气	未分型	1204	514	314.877	0.486	0.351	0.762	0.831
	I 型	439	187	88.913	0.556	−0.333	0.651	0.778
	II 型	765	327	84.327	0.456	−0.073	0.428	0.533
TC	未分型	1200	515	292.090	0.433	0.237	0.761	0.887
	I 型	780	336	51.197	0.612	−0.291	0.468	0.557
	II 型	420	179	79.503	0.578	−0.150	0.644	0.783

4.5 小结

以2011—2013年影响浙江省的冷空气、热带气旋和强对流大风事件为研究对象,探讨了这几类天气影响下浙江省陆地和近海海面平均风速和阵风系数分布特征,分析了阵风系数与站点海拔高度等地理要素的相关关系,并进行站点模糊聚类,建立了聚类分型前后冷空气和热带气旋大风天气的阵风系数预报模型,得到以下结果:

1)冷空气和热带气旋大风事件时,风向基本不影响阵风系数的空间分布特征。浙江近海海面阵风系数一般小于1.5,且平行于海岸线自西向东稍有减小;陆地阵风系数一般大于2,山区大于3,表现出山地地形对阵风系数的增强作用。

2)强对流大风发生时阵风系数可以达到1.8左右,明显大于预报业务规范平均值,地面粗糙度对强对流大风站点阵风系数影响很小。浙江省强对流大风发生地遍及全省,但约93%的站点强对流大风发生概率不超过10%,超过10%的站点多位于浙江近海海区和靠近海岸线的陆地。

3)模糊聚类分析发现:造成大风的天气系统对浙江自动气象站点阵风系数空间聚类结果影响不大,但海拔高度对站点聚类有影响。浙江近海海岛和北部大部分平原站点与浙江中南部站点一般分属不同类型。400 m以上的山区站点与70 m以下的低海拔站点在阵风系数特征上有较大不同。

4)回归分析表明:预先对站点进行模糊聚类后建立预测模型可以提高模型的阵风系数预报能力。聚类Ⅰ型模型对其中的高海拔站点预报易偏小,而聚类Ⅱ型对其中的低海拔站点预报易偏大。

上述结果主要针对近地面,对业务预报和服务具有一定的参考性。由于阵风系数受下垫面影响明显,不同下垫面、不同天气系统的近地层高度有所不同,因此研究浙江省及其近海不同下垫面阵风系数随高度的变化特征是下一步需要研究的工作。

参考文献

陈敏,马雷鸣,魏海萍,等,2013.气象条件对上海世博会期间空气质量影响[J].应用气象学报,24(2):140-150.

陈彦,吕新,2008.基于FCM的绿洲农田养分管理分区研究[J].中国农业科学,41(7):2016-2024.

陈雯超,宋丽莉,植石群,等,2011.不同下垫面的热带气旋强风阵风系数研究[J].中国科学:技术科学,41(11):1449-1459.

程雪玲,曾庆存,胡非,等,2007.大气边界层强风的阵性和相干结构[J].气候与环境研究,12(3):227-243.

董双林,2001.中国的阵风极值及其统计研究[J].气象学报,59(3):327-333.

高新波,裴继红,谢维信,2000. 模糊 c-均值聚类算法中加权指数 m 的研究[J]. 电子学报,28(4):80-83.

李亚春,武金岗,谢志清,等,2008. 不同强风样本湍流特性参数的计算分析[J]. 应用气象学报,19(1):28-34.

李艳,史舟,吴次芳,等,2007. 基于模糊聚类分析的田间精确管理分区研究[J]. 中国农业科学,40(1):114-122.

马淑红,马韫娟,程先东,等,2011. 我国高速铁路沿线强风区间的确定方法及风险评估[J]. 铁道工程学报,150(3):37-45.

宋丽莉,毛慧琴,汤海燕,等,2004. 广东沿海近地层大风特性的观测分析[J]. 热带气象学报,20(6):731-736.

宋丽莉,庞加斌,蒋承霖,等,2010. 澳门友谊大桥"鹦鹉"台风的湍流特性实测和分析[J]. 中国科学:技术科学,40(12):1409-1419.

王志春,植石群,丁凌云,2013. 强台风纳沙(1117)近地层风特性观测分析[J]. 应用气象学报,24(5):595-605.

许向春,辛吉武,邢旭煌,等,2013. 琼州海峡南岸近地面层大风观测分析[J]. 热带气象学报,29(3):481-488.

尹尽勇,刘涛,张增海,等,2009. 冬季黄渤海大风天气与渔船风损统计分析[J]. 气象,35(6):90-95.

张荣焱,张秀芝,杨校生,等,2012. 台风莫拉克(0908)影响期间近地层风特性[J]. 应用气象学报,23(2):184-194.

曾庆存,程雪玲,胡非,2007. 大气边界层非常定下沉急流和阵风的起沙机理[J]. 气候与环境研究,12(3):244-250.

郑永光,田付友,孟智勇,等,2016. "东方之星"客轮翻沉事件周边区域风灾现场调查与多尺度特征分析[J]. 气象,42(1):1-13.

中华人民共和国建设部,2002. 建筑结构荷载规范(GB 50009—2001)[S]. 北京:中国建筑工业出版社:47-48.

BRASSEUR O,2001. Development and application of a physical approach to estimating wind gusts[J]. Monthly weather review,129(1):5-25.

DAVENPORT A G,1961. The spectrum of horizontal gustiness near the ground in high winds[J]. Quarterly journal of the royal meteorological society,87:194-211.

HARPER B A,KEPERT J D,GINGER J D,2008. Guidelines for converting between various wind averaging periods in tropical cyclone conditions[C]. // Sixth Tropical Cyclone RSMCs/TCWCs Technical Coordination Meeting Technical Document,Brisbane.

MILLER P W,BLACK A W,WILLIAMS C A,et al,2016. Maximum wind gusts associated with human-reported nonconvective wind events and a comparison to current warning issuance criteria[J]. Weather and forecasting,31(2):451-465.

POWELL M D,VICKERY P J,REINHOLD T A,2003. Reduced drag coefficients for high wind speeds in tropical cyclones[J]. Nature,422:279-283.

SHIOTANI M,IWATANI Y,RUROHA K,1978. Magnitudes and horizontal correlations of vertical velocities in high winds[J]. Journal of the meteorological society of Japan,56:35-42.

THORARINSDOTTIR T L,JOHNSON M S ,2012. Probabilistic wind gust forecasting using non-homogeneous Gaussian regression[J]. Monthly weather review,140(3):889-897.

YU B,CHOWDHURY A G,2009. Gust factors and turbulence intensities for the tropical cyclone environment[J]. Journal of applied meteorology and climatology,48(3):534-552.

第 5 章
宁波沿海典型灾害性大风
个例边界层特征

5.1 入海温带气旋[①]

浙江省地处中纬度,各类高影响灾害性天气频发,其中热带气旋、温带气旋和冷空气造成的大风对海上生产常常带来严重影响。统计表明:风灾事故占渔船全损事故的 51.85%,冬半年突发性的冷空气大风是导致木质渔船出现风灾事故的主要原因(尹尽勇等,2009)。对于冷空气大风数值模式已具有了较好的预报能力,台风灾害基本特点和规律也有不少研究,其灾害直接表现为强降水、强风和风暴潮等(薛根元等,2006;梁军等,2007;赵领娣等,2011;肖玉凤等,2011)。温带气旋入海也可能带来灾害性大风,1999 年 11 月渤海发生一起严重海难事故,吴庆丽等(2002)通过 MM5 中尺度模式模拟出本次过程中尺度低压入海后强烈发展,而海陆差异对近地面的风场分布也有重要的影响。2006 年 6 月一次爆发性发展的东海低压入海带来的风雨强度甚至可以和热带气旋相比(项素清,2007)。温带气旋在浙江沿海引起的大风春季发生概率相对高,大风时地面常常有闭合低压环流(杨忠恩等,2007)。由于对温带气旋结构研究不够深入,气旋入海后强度变化的准确预报也比较困难,在浙江沿海灾害性大风预报中,温带气旋的预报准确率相对较低。加强温带气旋个例边界层气象要素分析可以加深对其结构的认识,对于提高入海温带气旋风雨预报能力有很大帮助。

2012 年 5 月 30—31 日受一次入海温带气旋和弱冷空气影响,浙江北部陆地出现大范围灾害性暴雨,沿海海面普遍出现 9～11 级阵风,3 个自动站观测到 12 级阵风。宁波市沿海凉帽山岛上 370 m 高塔不同层次的超声风速仪记录了本次入海温带气旋影响过程中边界层气象要素的变化,基于这些观测事实结合天气形势分析,对灾害性大风时段高塔边界层气象要素的结构和变化进行分析,以加深对入海温带气旋边界层结构和变化的认识。

5.1.1 资料说明

所用自动站资料包括浙江全省陆地及所有海岛站和浮标站,不包括移动气象站,资料来源于浙江省气象信息中心。高塔观测资料来源于宁波市气象保障中心。

---

① 注:本节内容发表于《自然灾害学报》。涂小萍,姚日升,杨豪,等,2013. 一次入海温带气旋边界层气象要素观测分析[J]. 自然灾害学报,22(5):160-170.

资料时段 2012 年 5 月 30 日 0 时—5 月 31 日 08 时。大风定义为 10 min 平均风速 6 级及以上($\geqslant 10.8$ m·s^{-1}),瞬时风速为 1 个采样周期的采样值。各要素平均值指 10 min 内所有采样值的平均。

宁波凉帽山高塔位置和气象要素参数说明见图 2.2.1～2.2.3 和表 2.2.1,观测资料保存前进行了自动质量控制处理,主要进行了极值、时间一致性、空间一致性检验,高塔三维超声风速仪观测资料没有参与分析,所用二维超声风资料(风速仪为德国 THIES 公司生产)均经过人工审核,以逐分钟资料为基础,其中 30 日 00:01 塔层 52 m 无资料,而 80 m,232 m 和 283 m 相对湿度观测值可能有误,故 10 min 平均相对湿度仅 6 层资料参与了分析。其他资料质量总体较好,均参与分析。

5.1.2 实况和天气形势

2012 年 5 月 30 日受入海温带气旋影响浙江北部陆地出现大范围暴雨,降水主要发生在 30 日早晨到下午,普遍累积雨量 50～100 mm,宁波市区达 90 mm。浙江沿海自动站先后出现 7～9 级大风,51 个自动站出现 8 级以上大风,11 站出现 11 级以上阵风,其中 3 站阵风达到 12 级。图 5.1.1 为浙江沿海舟山和温州 2 个浮标站 30 日 00 时—31 日 08 时逐小时最大风速序列,舟山浮标站 30 日 06 时风速达到 6 级(10.8 m·s^{-1})并持续增大,09 时达 14.4 m·s^{-1},南部的温州浮标站 21 时最大风力也达 7 级(14.7 m·s^{-1}),比舟山浮标站滞后约 12 h。

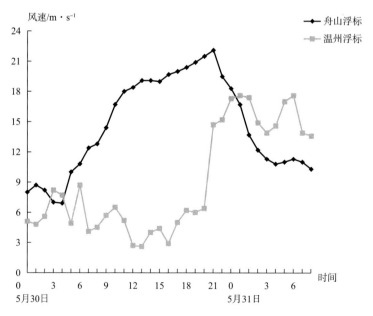

图 5.1.1　2012 年 5 月 30 日 00 时—31 日 08 时舟山、温州 2 个浮标站逐小时最大风速时间序列

天气图上本次过程中高层表现为高空槽的东移南压,在 850 hPa 浙江南部有东西向风切变配合,地面图上虽然没有闭合低压,但有倒槽明显发展东移。图 5.1.2 为 30 日 02 时—31 日 02 时(北京时,下同)海平面气压场变化。30 日 02 时安徽—江西—广东北部有倒槽东移,同时东海中南部海面有倒槽发展(图 5.1.2a)。陆地上的

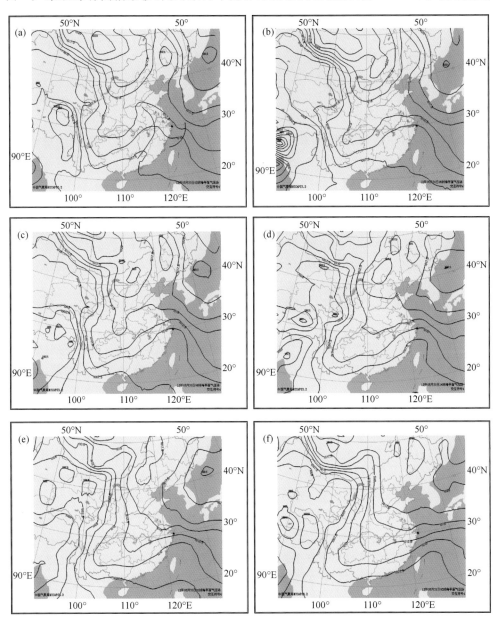

图 5.1.2 2012 年 5 月 30—31 日海平面气压场实况

(a:30 日 02 时;b:30 日 05 时;c:30 日 08 时;d:30 日 14 时;e:30 日 20 时;f:31 日 02 时;黑色实心点为高塔位置)

一支倒槽在东移过程中给江南地区带来了明显降水。两支倒槽05时合并形成低压倒槽带,造成高塔第1轮大风和降水天气,同时东北冷涡后部的偏北气流引导冷空气扩散南下,地面图上表现为等压线密集带的明显南压,并与低压倒槽共同在浙江沿海海面形成明显的气压梯度堆积。图5.1.2d可以看到30日14时在120°E附近的1015 hPa线位于山东境内,31日02时南压到浙江北部(图5.1.2f),气压梯度的加大导致浙江沿海出现大风和降水,也是高塔处第2轮大风的原因。可见本次大风形成原因有2个:一是倒槽发展,二是北方弱冷空气扩散加大了气压梯度。

5.1.3　高塔边界层资料分析

(1)边界层气温特征

高塔气温时空变化表明:5月30日00—20时塔层等温线随时间向低层倾斜,20时开始缓慢回升,但不同层次气温随时间变化不同。塔层第1次降水时段(02—10时,图5.1.3c)199 m以下各层次气温随时间一般为正变温,而以上层次气温随时间变化率多小于0,表明塔层上部(199 m以上)有弱降温,而中下部小幅度回暖,最强1 h降水发生时(04—05时)52~80 m最大增温率大于0.1℃·(10 min)$^{-1}$,增温可能是水汽凝结潜热释放的结果,导致06—10时塔层近地层有明显温度突起,并在52~80 m形成21.5℃的暖心(图5.1.3a),对应暖心处为相对湿度小于75%的相对干区。逐小时雨量和塔基10 min平均本站气压、气温对比发现,第1轮降水发生在气压持续降低阶段,09—10时气压低于1004 hPa,表明降水与温带气旋发展相伴,而降水释放的潜热使得08—10时塔基气温回升。此后塔层上部弱冷空气向下渗透,暖心结构被打破,塔基则表现为本站气压的逐渐回升和气温的持续下降,塔层降温最快的14—15时降温率超过0.3℃·(10 min)$^{-1}$,是冷空气渗透最明显的时段。由于冷空气影响,塔层13—15时出现第2次降水过程,但雨强和持续时间都较第1轮弱。19时前后塔层均低于18.5℃,此后缓慢回升,原因是低层相对暖的气团由于边界层湍流扩散作用。

宁波市自动站资料统计分析发现宁波市气温随海拔高度垂直变化率平均为-0.51℃·(100 m)$^{-1}$(涂小萍等,2007)。分别对降温时段(5月30日00—20时)和升温时段(5月30日20时—31日08时)塔层实况气温与拟合廓线进行对比,拟合公式为:$T = -0.0051H + T_0$,H为与塔基的相对海拔高度,T_0为塔基气温(图5.1.3e)。分析发现:降温时段各层次平均气温实况比拟合偏高约0.6℃,近地层(80 m及以下)由于降水凝结潜热释放产生逆温,导致实况比拟合温度高0.7℃以上,80 m以上边界层实况气温虽高于拟合,但气温递减率接近0.51℃·(100 m)$^{-1}$。升温时段近地逆温层仅限52 m以下,强度也更弱,该时段内边界层实况温度递减率大于0.51℃·(100 m)$^{-1}$,可能是因为回温从近地层开始,而塔层上部由于冷空气影响气温低于拟合,塔层109~232 m实况与拟合较接近。

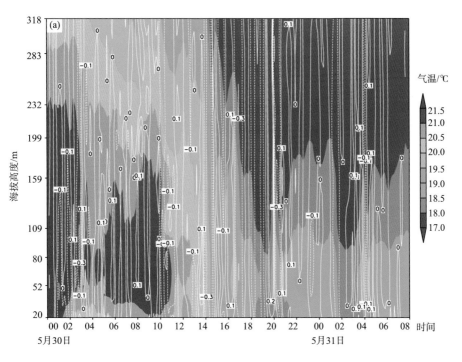

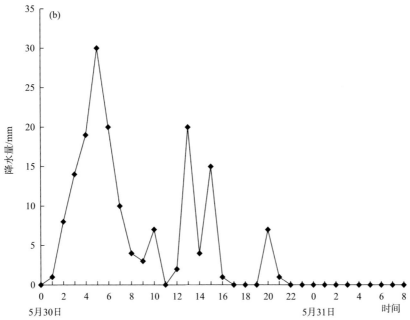

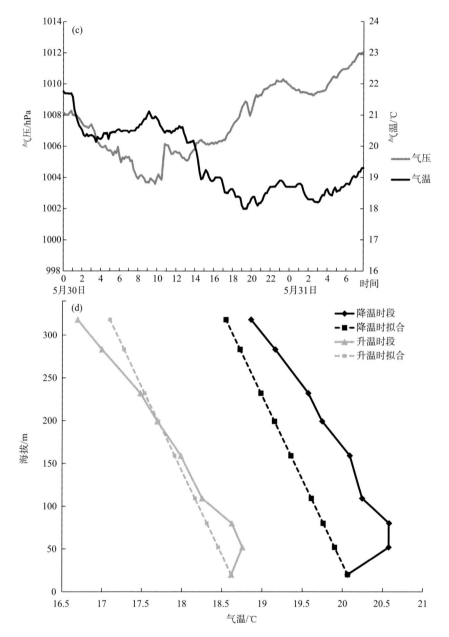

图 5.1.3 2012 年 5 月 30 日 00 时—31 日 08 时塔层逐 10 min 平均气温和变温率(a)
时空变化及逐小时雨量(b)、塔基逐 10 min 本站气压和气温序列(c)、不同时段塔层温度廓
线实况与拟合对比(d)

(2)水平风速、风向和风切变的时空变化特征

图 5.1.4 为 2012 年 5 月 30 日 0 时—31 日 08 时塔层逐 10 min 平均风向、风速演
变,6 级及以上大风时段为 03:40—11:00 和 16:30—21:30,7 级以上大风出现在

06:00—10:30 和 16:30—21:00,表现出大风出现时段的非连续性。两次大风出现时塔层风向基本相同,前1次吹东南风,后1次以东北偏东风为主。由前面的分析可知:高塔处第1轮大风是温带气旋发展导致的(低压大风),而第2轮大风则是由于弱冷空气扩散导致气压梯度堆积的结果。2次大风强度和时空变化表现不同。第1轮温带气旋大风时塔层各层风速增减基本同步,整层7级及以上大风持续了近5 h。30日03:40塔层风速一致性增大到10 m·s^{-1}以上,06时各层均超过14 m·s^{-1},08:10和09:10分别在199~232 m和109 m出现2个超过20 m·s^{-1}的风速中心,塔基短时平均风速超过18 m·s^{-1}。10:30以后塔层风速迅速减小,11时塔层风速减小到6 m·s^{-1}以下,第1轮大风过程结束。11:00—16:30为两轮大风过程间歇期,塔层风速虽有起伏,但低层风速一般小于10 m·s^{-1},中上层风速稍大,但不超过13 m·s^{-1}。16:30塔层第2轮7级大风开始,首先在199~232 m的塔层中上层出现14 m·s^{-1}以上的风速中心,中心值逐渐增强,范围上下扩展,20时前后7级风力上下范围最大,各层平均风速均超过7级,199—232 m的中心风速超过20 m·s^{-1}。本轮风力7级以上大风范围和持续时间均明显小于第1轮,80 m以下的低层7级风力持续时间仅1 h左右。21:30以后各层风速明显减小,22时后各层风速一般不超过8 m·s^{-1}。可见温带气旋发展引起的大风强度和持续时间比气压梯度堆积造成的大风更明显。

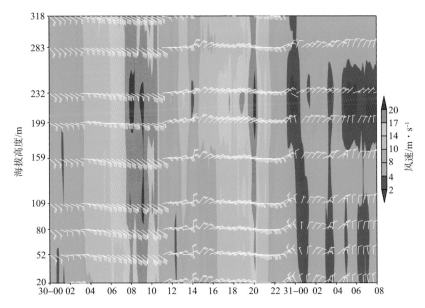

图 5.1.4 2012 年 5 月 30 日 0 时—31 日 08 时塔层逐 10 min 平均风向、风速时空演变

本次大风过程是温带气旋和弱冷空气共同作用的结果,与刘小红等(1996)对北京一次冷空气强风边界层结构分析结果相比有很大不同,没有冷空气大风的阵风浪涌,温带气旋造成的塔层大风整层表现一致,而弱冷空气和温带气旋共同影响时7级以上大风首先表现在199~232 m的中高层,范围和强度均更小。

水平风速切变分析,温带气旋在塔层边界层切变不强,绝对值一般小于 $0.02\ \mathrm{s}^{-1}$,超过 $0.04\ \mathrm{s}^{-1}$ 的正切变范围比较零散,主要出现在 $80 \sim 109\ \mathrm{m}$ 和 $199 \sim 232\ \mathrm{m}$。23 时后随着温带气旋远离,塔层风速正切变中心抬升,在 $283\ \mathrm{m}$ 出现 $0.06\ \mathrm{s}^{-1}$ 的切变中心,而 $199\ \mathrm{m}$ 出现 $-0.04\ \mathrm{s}^{-1}$ 的负切变中心,$159\ \mathrm{m}$ 以下层次水平风速切变很弱。

(3)边界层水平风速随高度变化特征

一般认为边界层风速随高度变化服从指数或对数分布,对数律主要适用于中性条件下的近地层,指数律则可推广至非中性大气,研究认为指数律更符合平均风速随高度的变化(申华羽等,2009;郭凤霞等,2010;李鹏等,2011),可以表示为:

$$U_z = U_l \left(\frac{z}{l} \right)^a \tag{5.1.1}$$

式中,a 为风廓线指数,也称粗糙度指数,与摩擦系数和大气稳定度有关。高塔处不同时刻风廓线指数变化反映了大气稳定度的变化。

塔层逐 10 min 风廓线指数序列分析:30 日 00:00—21:30 风廓线指数变化平稳,129 个指数中,大于 0.50 的 85 个,小于 0 有 10 次,其中 7 次出现在 2 次大风间歇期。大风结束后风廓线指数明显减小,63 次中 29 次小于 0。为了分析不同时段塔层风廓线特点,分 3 个时段:大风前(00:00—03:30)、大风时(03:40—11:00 和 16:30—21:30)和大风后(11:10—16:20 和 21:40—08:00)分别进行风廓线指数律拟合平均,得到平均风廓线指数为 0.093,0.067 和 0.041,其中大风前风廓线指数接近于张淮水等的研究结果(张淮水等,1989),但大风时和大风后风廓线指数小于大风前,表明后 2 个时段大气稳定度比大风前小。图 5.1.5 为 3 个时段塔层实况平均风速与指数律拟合风速的对比,分时段拟合平均风速与实况误差绝对值不超过 $1.0\ \mathrm{m \cdot s}^{-1}$,对塔层边界层风速分时段进行指数律拟合是合理的。

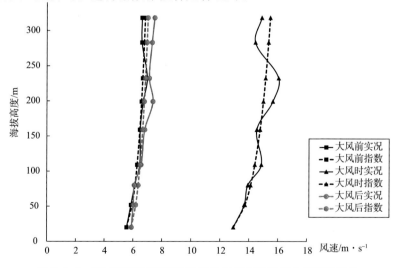

图 5.1.5　不同时段高塔实况平均风速与指数律拟合风速的对比

(4)水平风速的湍流特征分析

风速脉动和湍流强度变化是风力发电机安全运行必须考虑的(王承凯,2008;张容焱等,2012)。分析发现逐 10 min 水平风速脉动标准差和湍流强度在高塔不同层次表现不同:9 个层次中除 199 m 和 232 m 外,其余 7 个层次风速脉动标准差随风速大小呈线性变化,线性拟合相关系数最小的塔基达到 0.675,最大的 52 m 相关系数 0.852,而 199 m 和 232 m 分别仅为 0.165 和 0.180,明显低于其他层次。湍流强度随风速大小的乘幂拟合表现却正好相反,199 m 和 232 m 符合乘幂拟合率,拟合相关系数分别达到 0.773 和 0.835,其余层次则不满足乘幂拟合率。基于上述分析,将塔层分为 2 组:199 m 和 232 m 为一组(a 组),表现为水平风速标准差分布零散,湍流强度随风速增大呈乘幂指数减小,而其他 7 个层次(b 组)风速脉动标准差随风速线性增大,湍流强度则随风速变化不明显,图 5.1.6 为 2 组平均风速标准差和湍流强度随风速大小散点分布及 2 个代表层次湍流强度变化时间序列,可见 15 m·s⁻¹ 以上风速 2 组(a1 和 b1)风速标准差都相对大,一般超过 1 m·s⁻¹。当风速在 10 m·s⁻¹ 以下时,a 组(a1)不仅风速标准差起伏很大,最小仅 0.2 m·s⁻¹,最大接近 2 m·s⁻¹,对应的湍流强度起伏也很大(a2),最大超过 0.5,随风速增大基本呈乘幂指数减小(拟合相关系数超过 0.60),与 IEC61400 2005 根据 WTGS 安全等级给出的标准湍流模型曲线趋势一致,而 b 组风速标准差随平均风速基本呈线性相关(b1,拟合相关系数超过 0.83),湍流强度变化幅度明显小于 a 组(b2),一般不超过 IEC 的 C 级标准,随风速变化也不满足乘幂指数律(张容焱等,2012;International Electrotechnical Commission,2005),与热带气旋影响时湍流特征有所不同(宋丽莉等,2005)。

温带气旋影响过程中,塔层 159 m 以下的中低层和 283 m 以上层次水平风速湍流强度一般不超过 0.10,图 5.1.6c 中选择绘制了 a 组中的 232 m 和 b 组中的 50 m 分别代表 2 组湍流强度的时间变化序列,在 2 次 7 级大风间歇时段和大风结束后 a 组层次湍流强度起伏较大,短时甚至超过 0.50,而 b 组湍流起伏小。

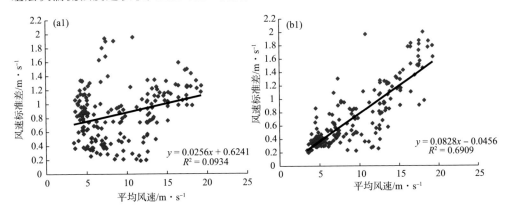

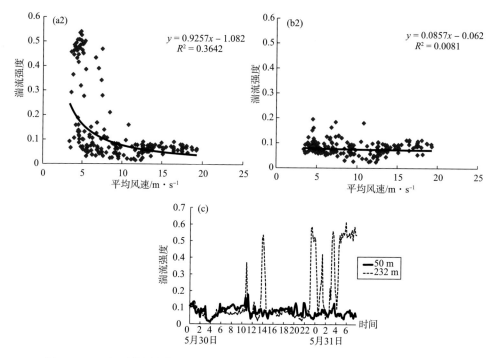

图5.1.6 2组平均风速标准差(a1和b1)和湍流强度(a2和b2)随风速变化散点分布及不同层次湍流强度时间序列(c)

(5)水平风速的阵性特征

风速的阵性特点可以阵风系数和阵风强度来表达:阵风系数定义为给定时段内最大风速与平均风速之比,而阵风强度则定义为时段内最大风速与最小风速差值与平均风速之比(刘小红等,1996)。塔层逐10 min阵风系数和阵风强度时空变化分析(图5.1.7a和图5.1.7b),二者随时空变化趋势相同,7级大风时段(06:00—10:30和16:30—21:00)塔层阵风系数小于1.4,阵风强度小于0.6,与"莫拉克"台风10 m和70 m阵风系数接近(张容焱等,2012),不同层次阵风系数和阵风强度差异不大。阵风系数和阵风强度相对较强的主要有2个时段:11—15时在2次大风时段间歇期及23时大风结束后199~232 m出现阵风系数和阵风强度最大值,大风后232 m最大阵风系数超过2.6,阵风强度超过2.4。与水平风速湍流强度相比,阵风系数和阵风强度与湍流强度三者在时空变化上表现出一致性,可见温带气旋影响减弱和气压梯度南压过程中高塔处风力虽然减小,塔层中上部风速阵性特点表现仍很明显。

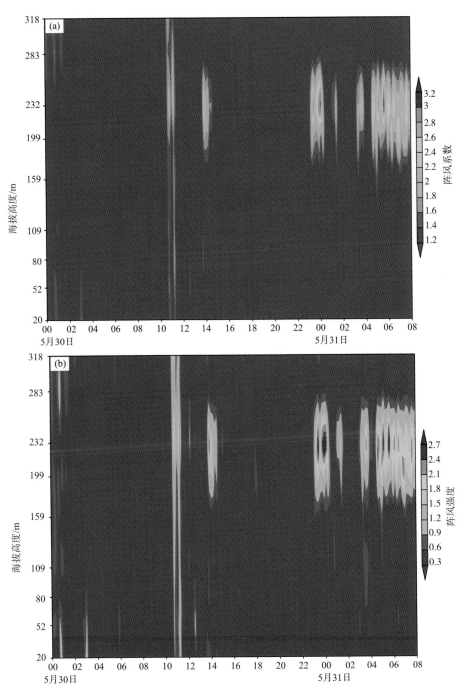

图 5.1.7 2012 年 5 月 30 日 0 时—31 日 08 时高塔各层水平风速阵风系数(a)和阵风强度(b)时空演变

(6)瞬时水平风速的连续功率谱分析

风速的阵性变化是不同尺度涡旋共同作用的结果,瞬时风速的周期变化分析对于了解不同时间尺度涡旋对阵风周期的贡献是有帮助的。塔层逐分钟瞬时风速在大风时段(30 日 03:31—11:00 和 16:21—21:30)和大风后(30 日 21:31—31 日 08:00)2 个时段分别进行连续功率谱分析(黄嘉佑,2000;魏凤英,1999),最大落后步长取样本数的 1/10。分析发现,无论是大风时还是大风后,序列滞后自相关系数均明显大于 0,表明序列具有持续性,应以红噪音标准谱检验。大风时各层次瞬时风速周期不明显,不同周期谱密度与标准谱密度差值一般小于 0,图 5.1.8 为大风时和大风后 52 m 和 232 m 逐分钟瞬时风速连续功率谱密度与标准谱密度差值随周期变化(时间尺度大于图中横坐标的谱密度值明显小于标准谱密度,未列出),可见大风时除时间尺度为 16.8 min 左右谱密度接近标准谱值外,其余时间尺度涡旋谱密度小于标准谱,瞬时风速没有明显周期。大风后瞬时风速周期变化虽然在 95.5 min 谱密度大于标准谱值,但谱密度比标准谱值超出不到 0.005,所以塔层瞬时风速也没有明显周期,其中 1~2 h 时间尺度的涡旋方差对瞬时风速贡献可能相对明显。

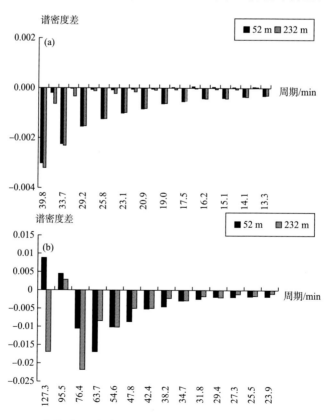

图 5.1.8　大风时(a)和大风后(b)52 m 和 232 m 逐分钟瞬时风速连续功率谱密度与标准谱密度差值随周期变化

5.1.4 结论与讨论

通过宁波凉帽山高塔对 2012 年 5 月 30—31 日一次浙江省入海温带气旋边界层观测分析得到以下结论:

1)气旋在高塔处造成的灾害性大风分为 2 个时段:第 1 轮大风是温带气旋形成的倒槽引起的,第 2 轮大风是弱冷空气与温带气旋形成的气压梯度所致。两轮大风时塔层风向均表现出一致性变化,大风前后均伴有明显降水,但第 1 轮大风强度、持续时间和降水强度均明显强于第 2 轮,并且边界层风速增减一致,而第 2 轮大风时 7 级以上风力首先出现在 $199\sim232$ m 的中上层,后范围逐渐上下扩展。

2)逐 10 min 边界层风速随高度变化指数律拟合发现,温带气旋和冷空气大风前和大风时风廓线指数变化平稳,大风后风廓线指数明显减小,不同时段塔层边界层风速随高度的变化近似于指数律变化,大风前、大风时和大风后平均风廓线指数分别为 0.093,0.067 和 0.041。

3)塔层水平风速脉动标准差和湍流强度分析发现:199 m 和 232 m 层次水平风速标准差随风速增大分布零散,湍流强度呈乘幂指数减小,而其他 7 个层次风速脉动标准差随平均风速线性增大,湍流强度则随风速增大变化不明显。

4)塔层阵风系数和阵风强度时空变化趋势一致,阵风系数和阵风强度最大时段对应高塔各层风速较小时段,与高湍流强度中心一致。

5)塔层逐分钟瞬时风速连续功率谱分析发现:各层次瞬时风速没有明显周期性变化。

不是每一次入海温带气旋都会造成灾害性大风天气,其影响程度与温带气旋本身入海后强度是否发展有关,今后还应当进一步对入海加强和减弱的温带气旋边界层要素的对比分析,寻找预报异同点。

5.2 阵风锋[①]

对流风暴产生的强烈天气现象中,风暴下沉气流导致的地面大风出现频率较高(俞小鼎等,2005),当雷暴下沉气流在近地面的出流辐合线达到一定的强度称为阵风锋(张培昌等,2001;吴芳芳等,2009)。有组织的多单体风暴和飑线在多普勒雷达上经常表现为弓形回波,强风暴低层入流经常位于移动方向的右后侧(俞小鼎等,2006)。Fujita 首先提出经典弓形回波具有以下典型特征:有强的后侧入流,其轴心位置在弓形的突出部位;弓形回波两端分别为反气旋和气旋式环流(Fujita,1978)。弓形回波等有组织的对流风暴系统往往造成大范围地面风灾,Fujita(1981)认为地

---

① 注:本节内容发表于《高原气象》。涂小萍,姚日升,漆梁波,等,2014. 浙江省北部一次灾害性大风多普勒雷达和边界层特征分析[J]. 高原气象,33(6):1687-1696.

面风灾是由后侧入流造成的。近年来的研究表明:弓形回波灾害性大风往往由后侧入流急流与中涡旋叠加影响所造成(Atkins,2009)。王俊等(2011)分别基于单部和多部多普勒雷达等多种资料揭示了一次弓状回波和强对流风暴合并形成新弓状回波后又演变成逗点回波的过程,分析了发展成熟和减弱阶段的弓状回波、强对流风暴的三维风场结构以及两者合并过程的风场变化特征,发现随着弓状回波后部有组织的后侧入流的侵入,强对流风暴中的暖湿气流被剧烈抬升,促使风暴强烈发展。

观测事实和分析表明:暖季型区域雷暴大风(暖季型 Derecho)多产生于极端不稳定和低层高湿环境中(Johns et al.,1987;Johns et al.,1990)。在我国基于新一代多普勒天气雷达捕捉了越来越多的强天气个例,其中不乏飑线、下击暴流、超级单体等特征分析和数值模拟研究,揭示了弓形回波等线状中尺度对流系统的多普勒雷达特征及其演变规律,发现有组织的多单体风暴低层入流常位于反射率因子较大的一侧,同时弱回波区和回波顶也偏向入流一侧(刘娟等,2007;姚叶青等,2008;廖晓农等,2008;潘留杰等,2013),为多普勒雷达用于临近预报起到了重要作用。中尺度模式的发展为从物理机制上揭示飑线等中尺度系统的发展、演变规律提供了重要手段(王晓芳等,2010;梁建宇等,2012)。

多普勒雷达和自动气象站观测是目前分析强对流天气的主要资料,裴宇杰等基于多普勒雷达资料在一次特大暴雪天气过程中发现了与盛夏暴雨类似的回波结构(裴宇杰等,2009)。随着新型探测技术的发展,风廓线雷达、边界层梯度风等为对流风暴结构的精细化研究提供了进一步支撑。

戴建华等(2012)应用嘉定和青浦 2 个边界层风廓线仪逐 30 min 资料分析了上海一次飑前强降雹发生前环境风场的演变,发现飑线主体接近时,其前侧的环境低空垂直风切变明显加强,在飑线前侧形成一个水平涡管,与飑线后侧低空直线大风导致垂直风切变所形成的另一个水平涡管相对应,共同组成了一对涡度相反的涡对,在涡对相接处共同形成一支向上的气流,加强了飑线前侧对流风暴的垂直发展。

2012 年 4 月 2 日夜间由于强冷空气下沉激发形成有组织的多单体风暴族导致浙江省北部陆地和沿海海面出现大范围灾害性强风,造成人员伤亡和财产损失。基于浙江省自动气象站、杭州和宁波 2 部多普勒雷达、湖州风廓线雷达及宁波凉帽山370 m 高塔超声风观测资料对本次大风过程进行分析,以了解灾害性大风发生时多普勒雷达特征,通过高塔资料揭示大风发生时边界层风、温变化特征,为对流风暴预报预警提供帮助。

5.2.1 天气形势和实况

(1)环流形势

2012 年 4 月 2 日 08 时 500 hPa 有横槽进入我国内蒙古地区,其后温度槽明显落后,利于高空槽继续加深。700 hPa 及以下层次江淮和江南地区上空受暖气团影响气温升高。20 时高空槽开始影响安徽中南部,受槽后冷空气影响,500 hPa 河南郑州和安徽安庆 24 小时分别降温 10℃ 和 4℃,而浙江杭州 400 hPa 及以上层次也出现 2℃ 以上降温,且温度露点差超过 20℃,此时江南地区中低层仍为暖脊控制,20 时杭州站 500 hPa 与 850 hPa 温差达 27℃,表明上空有干冷空气侵入并叠加在中低层暖气团之上。地面图上 20 时冷锋到达皖南,安徽中北部出现较大范围 6 hPa 以上的 3 h 正变压中心,3 日 02 时正变压中心移到长江口附近,正变压区域出现大范围雷雨大风等强对流天气。高空干冷空气叠加在中低层暖气团之上增大了大气不稳定性,为本次灾害性大风的发生提供了天气背景。

(2)探空资料

探空资料表明:4 月 2 日 08 时江南地区大气层结稳定,安徽安庆(58424)和浙江杭州(58457)K 指数均小于 5,沙氏指数大于 2,CAPE 值为 0 J·kg^{-1},不利于强对流发展。20 时安庆站强对流指标明显上升,K 指数和沙氏指数分别为 38 和 -5.2,700 hPa 以上层次气温较 08 时明显下降,此时杭州站 K 指数也上升到 29,700 hPa 以下层次较 08 时继续回暖,相对湿度有所增大,中低层有一定湿度条件且有暖平流相伴。2 个探空站 0~6 km 垂直环境风切变均比 08 时明显增大,分别为 24.3 m·s^{-1} 和 19.3 m·s^{-1},大风指数分别达到 22.9 m·s^{-1} 和 32.9 m·s^{-1},下沉对流有效位能(DCAPE,图 5.2.1 中灰色阴影区,600 hPa 开始)超过 650 J·kg^{-1},有强下沉气流和大风产生潜势(Donald,1994;王秀明等,2012)。

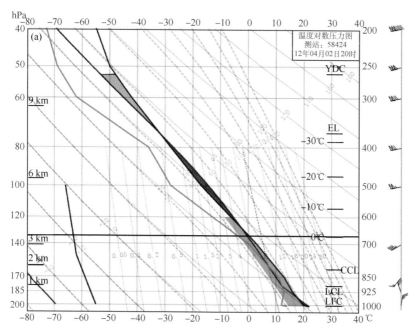

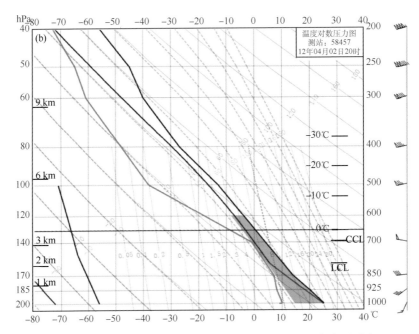

图 5.2.1　2012 年 4 月 2 日 20 时安徽安庆(a)、浙江杭州(b)探空(灰色阴影为 DCAPE 区)

（3）区域大风实况

图 5.2.2 为 4 月 2 日 21:00—3 日 02:00 浙江北部自动站瞬时风速≥17.9 m·s^{-1}实况,图中标注为≥10 级(24.5 m·s^{-1})瞬时大风出现时间(下标注)和风速(上标注)。灾害性大风为直线型,以西北风为主,出现时间由西北向东南方向推进。湖州地区基本出现在 22 时前,杭州、嘉兴多在 22:00—23:30 之间,宁波、舟山多出现在 23:30 以后。

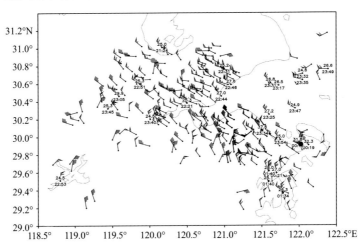

图 5.2.2　2012 年 4 月 2 日 21:00—3 日 02:00 浙江北部极大风实况

(图中黑色和灰色实心圆点分别为宁波凉帽山高塔和湖州风廓线雷达位置;上标注:≥10 级极大风速;

下标注:出现时间)

灾害性大风后伴有明显的区域降温,湖州地区 22 时 1 h 强降温中心位于长兴县和平镇,中心值超过 -8℃,强降温后部出现 15℃以下的冷池,湖州站 1 h 降温 6℃,同时本站气压升高 4.8 hPa。3 日 01 时宁波、舟山地区降温中心基本沿着海岸线走向,与 15℃以下的冷中心相伴,1 h 降温中心与 18 m·s^{-1} 以上的最大风速中心对应。

5.2.2　多普勒雷达回波特征分析

4 月 2 日夜间安徽南部多个对流单体在东移过程中发展形成弓形回波,自西向东影响湖州、嘉兴。图 5.2.3a～d 和 e～h 分别为 21:21—22:13 逐 18 分钟杭州多普勒雷达 0.5°仰角基本反射率和基速度演变。21:09 由安徽南部东移的 2 个强对流单体在湖州西北部发展,21:21 在湖州西北部形成一条长约 70 km,宽度约 10 km 的西北—东南向回波带,其中有 3 个 45 dBz 以上的中心(图 5.2.3a 中 A,B,C 标记),B 中心强度达 55 dBz,后侧有入流缺口形成(图中白色箭头所指)(Bradley et al.,1987),径向速度图上 B 中心后部最大负速度超过 20 m·s^{-1}(图 5.2.3e)。同时注意到江苏南部苏州—吴江地区有窄带回波快速东南移动,其多普勒速度在移动过程中逐渐增强(图 5.2.3e～h 阵风锋标记处)。

回波尾部的 C 单体在东移过程中强度快速发展,21:38 经过湖州(图 5.2.3 中粉色实心圆点),中心强度超过 55 dBz,对应 0.5°仰角上负速度超过 15 m·s^{-1}(图 5.2.3f),21:26—21:38 剖面图上探测到反射率因子核的快速下降,表明其中下沉气流增强。21:26 在 2.4°以上仰角开始探测到 MARC(midaltitude radial convergence)结构(俞小鼎等,2006),其范围逐渐扩大,图 5.2.4a～b 给出了 21:38 杭州雷达 2.4°仰角基速度和沿图 5.2.3b 中过雷达站到 C 中心黑色实线的基速度剖面图,可见长兴站北部较大范围速度辐合区,湖州上空也有小范围速度辐合区发展。垂直剖面图上 4 km 以上多普勒正速度区中心随高度向远离雷达站方向倾斜,导致在远离雷达一侧 4～9 km 出现多普勒速度辐合(标记 con 一侧),而在靠近雷达一侧出现多普勒速度辐散,对远离雷达一侧下沉气流和靠近雷达一侧上升气流的加强非常有利,进而加强灾害性大风后部的下沉气流和地面降温。两只倾斜交错的气流主要出现在 4 km 以上高度,以下转为向着雷达站的负速度区。21:44 回波主体进入太湖湖面,回波强度得到进一步发展,究其原因除上述上升和下沉气流对倾斜交错的动力因子外,太湖湖面摩擦力减小和更充足的水汽条件可能是另一个原因。

21:55 弓形回波中的单体 A、B 开始合并(图 5.2.3c 中白色箭头所指)向东北方向移动进入苏州市,单体 C 继续加强向偏东方向移动,杭州多普勒雷达 1.5°仰角上距离强对流单体 C 约 25 km 的嘉兴北部探测到零散的出流边界(阵风锋),与影响上海嘉定—青浦一线的阵风锋合并,虽然此时 0.5°仰角上嘉兴北部阵风锋表现还不明显(图 5.2.3c),但实况 22:00—22:10 嘉兴北部多个自动站出现 8 级以上灾害性大风。0.5°仰角上 22:13 阵风锋移到上海松江—浙江嘉兴上空,回波强度一般不超过 15 dBz,但最大径向速度超过 20 m·s^{-1}(图 5.2.3d 和 5.2.3 h),最大谱宽达到 13 m·s^{-1},表明其中有很强的湍流。22:19 窄带回波移过嘉兴站,该站 22:23 瞬时风速达到 21.2 m·s^{-1}。从 22:13 在 0.5°仰角上嘉兴上空出现阵风锋到 9 级阵风出现间隔大约 10 min。阵风锋自西北向东南扫过嘉兴市,22:30 前后经过平湖地区,导致海盐的白塔山 22:44 出现 27.0 m·s^{-1}的大风。

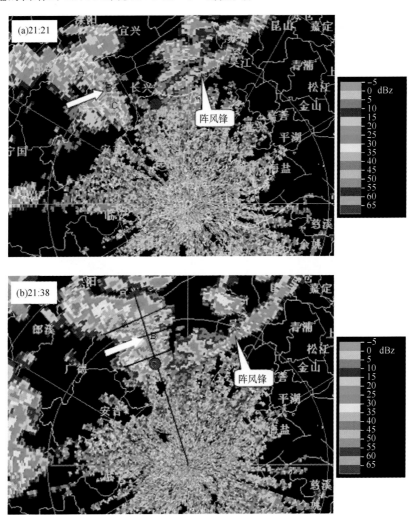

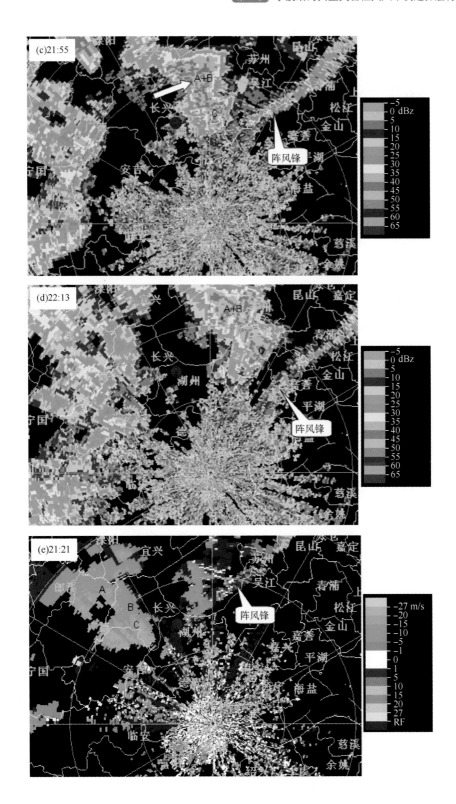

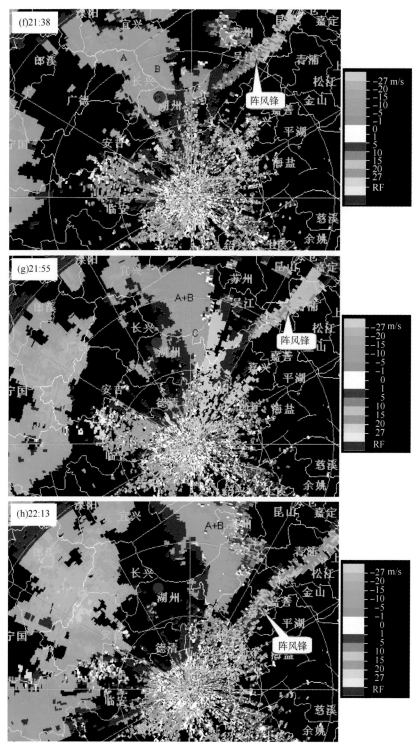

图 5.2.3　2012 年 4 月 2 日 21:21—22:13 逐 18 分钟杭州多普勒雷达
0.5°仰角基本反射率和基速度演变(粉色实心圆点为湖州风廓线雷达位置)

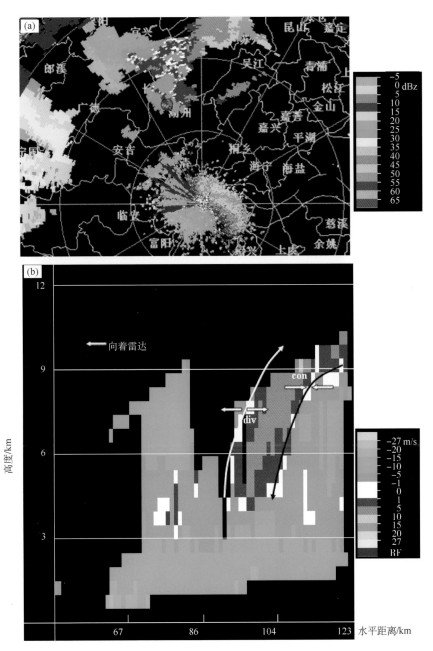

图 5.2.4　2012 年 4 月 2 日 21:38 杭州多普勒雷达 2.4°仰角基速度(a)和沿雷达站到单体 C 基速度垂直剖面(b)

5.2.3　湖州风廓线雷达特征

湖州风廓线雷达是中国航天科工集团公司二院 23 所生产的 CFL-03 型边界层

风廓线雷达,探测高度 60～5880 m,高度和时间分辨率分别为 60 m 和 6 min。2010年 8 月建成以来业务运行稳定,获取的资料总体质量良好(周之栩,2012)。

在有降水的情况下,风廓线雷达测得的垂直速度代表了空气和雨滴两者的垂直运动之和,阮征等提出了基于回波信号信噪比进行垂直速度订正的公式(阮征等,2002)。本次过程中逐分钟资料表明 21:35 前湖州站没有出现降水,仅 21:35—21:36 出现 0.5 mm 降水,故没有对所用风廓线垂直速度进行订正。

强单体 C 靠近过程中,风廓线雷达资料显示湖州上空盛行偏西风,5 km 以下主要表现为下沉运动(图 5.2.5b),21:36 分别在 3 km 和 420 m 探测到 1 m·s^{-1} 以上的下沉速度峰值,3 km 处峰值与图 5.2.4a 中湖州上空 MARC 发展有关。虽然 3 km高度下沉速度明显增大,但此时 2.28～2.64 km 为上升运动,2～3.5 km 垂直湍流混合强盛,风切变减小,导致 3 km 水平风速由 21:18 的 20.4 m·s^{-1} 减小到 21:36 的15.7 m·s^{-1}(图 5.2.5a),而以下层次水平风速也更均匀。1 km 以下边界层在 C 中

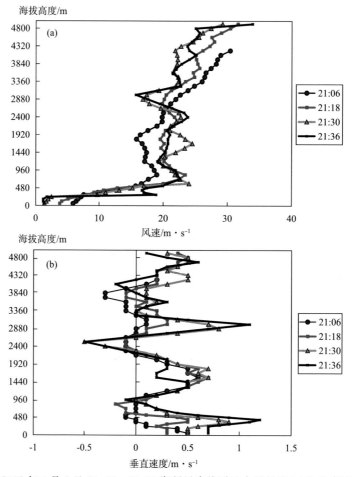

图 5.2.5　2012 年 4 月 2 日 21:06—21:36 湖州风廓线雷达水平风速(a)和垂直速度(b)廓线

心靠近的 30 min 内,湖州上空下沉速度持续增强,峰值保持在 $360\sim420$ m。21:36 180 m 以下下沉速度增强到 0.7 m·s^{-1},420 m 出现最强下沉气流达 1.2 m·s^{-1},导致 300 m 处水平风速快速增强到 18.9 m·s^{-1},较 21:30 增大 9.2 m·s^{-1},2 min 后灾害性大风及地,湖州站出现 23.8 m·s^{-1} 的大风。可见导致灾害性大风产生的下沉运动开始于 1 km 以下的边界层,并在 $360\sim420$ m 之间达到峰值。21:36—21:38 的 2 min 内,湖州站 480 m 以下边界层垂直下沉速度应该维持在 0.7 m·s^{-1} 以上,而灾害性大风从 300 m 及地仅需要 2 min。

5.2.4　宁波—舟山阵风锋边界层特征和成因探讨

4 月 2 日 23 时前后宁波雷达 2.4°仰角上开始探测到宁波—舟山一线的阵风锋,其后没有主体回波相伴,阵风锋经过之处也无降水产生。00:07 阵风锋移到舟山岱山岛—宁波奉化一线(图 5.2.6),靠近宁波凉帽山高塔,回波强度一般不超过 15 dBz,但多普勒正速度超过 20 m·s^{-1},并有 10 m·s^{-1} 以上的谱宽。受其影响距离高塔 10.6 km 的宁波崎头自动站 00:19 出现 32.3 m·s^{-1} 的大风。00:30 前后阵风锋移到象山港一带,带来的大风造成停泊在港区的渔船被吹翻。

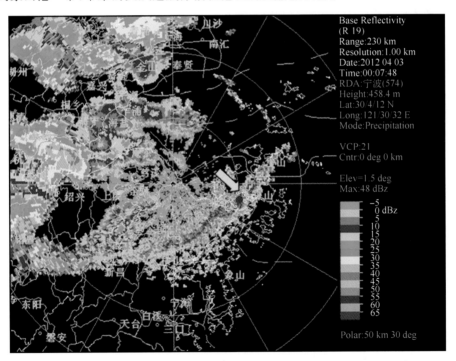

图 5.2.6　2012 年 4 月 3 日 00:07 宁波雷达 1.5°基本反射率

(粉色实心圆点:高塔位置;箭头:阵风锋移向)

(1)边界层风温特征

宁波凉帽山高塔梯度观测资料分析发现,阵风锋影响前塔层盛行西南风,风速不超过 10.8 m·s^{-1}。阵风锋经过时塔层风向迅速由 00:09 的西南风转为 00:10 的一致性西北风(图5.2.7a)。全风速变率时空变化分析:分别在 318 m(塔顶)和232 m 以下有速度变化高值区,00:10—00:11 在 109～199 m 塔层中部变化率超过10 m·(s·min)$^{-1}$,232～283 m 为<6 m·(s·min)$^{-1}$的风速变化率低值区,00:14开始整层速度变化迅速减小。00:09—00:13 的短短 4 min 内速度变化率等值线不仅梯度大,且几乎垂直于时间轴,表明塔层几乎同时快速加速,109～199 m 的塔层中层风速由不到 10 m·s^{-1}增强到 28.5 m·s^{-1}以上,速度变化率相对小的 232～283 m 之间出现风速低于 24 m·s^{-1}的低值带。00:14 开始塔层速度变化率减小为−1～0 m·(s·min)$^{-1}$,此后塔层大风主要由强冷空气导致,强风区范围和强度呈阵风浪涌式减小,直至冷空气影响结束(刘小红等,1996)。

阵风锋靠近前半小时高塔 318 m 上升速度逐渐增加,00:02 阵风锋距离高塔不到 10 km,塔层上升速度为 1.2 m·s^{-1},00:04 达最大值 1.7 m·s^{-1},但塔层中低层上升速度变化不明显,基本维持在 0.5 m·s^{-1}以内(图5.2.7b)。00:09 首先在318 m 和 232 m 塔层中上部转为下沉气流,1 min 后近地层也转为下沉气流,此时塔顶下沉速度 1 min 平均达 1.67 m·s^{-1},是 4 层中最大的,00:11 达最大值 1.81 m·s^{-1},此时水平风速变化率也最大。00:14 灾害性大风结束,塔顶下沉速度明显减小。此后塔层受到强冷空气影响,塔顶以弱的上升气流为主,232 m 以下层次下沉气流一直维持到 3 日 20 时前后,而 1 m·s^{-1}以上的强下沉气流主要出现在近地层(109 m 以下),近地层因湍流混合强导致风切变始终较小,一般不到 0.03 s^{-1}。

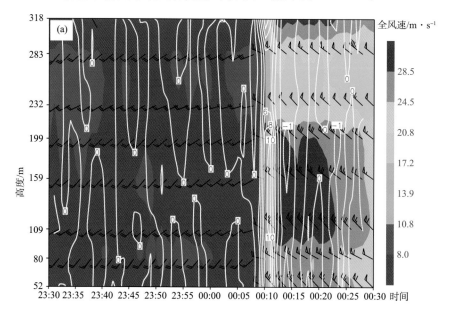

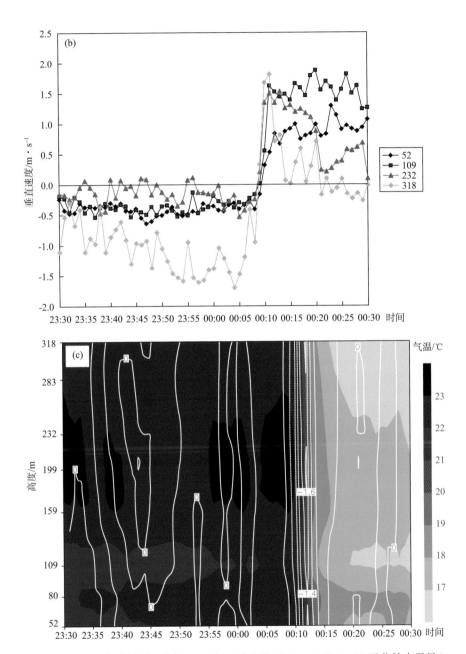

图 5.2.7　宁波梁帽山高塔 2012 年 4 月 2 日 23:30—3 日 00:30 逐分钟水平风(a，风向杆:风向风速,填色:全风速/m·s⁻¹,等值线:全风速变化率/m·(s·min)⁻¹)、垂直速度(b,/m·s⁻¹)和气温(c,填色:气温/℃,等值线:变温率/℃·min⁻¹)时空变化

对比灾害性大风发生前 1 min(00:09)、发生时(00:11)和结束时(00:14)风廓线:发生前 1 min 塔层 283 m 以下风速随高度缓慢增大,最大风速出现在 283 m 为 7.7 m·s^{-1},00:11 和 00:14 风廓线相对接近,但与大风前明显不同,最小风速出现在塔层中上部,318 m 和 109 m 各有一个风速峰值,风廓线明显不遵从指数律或对数律。

灾害性大风前塔层气温高于 21℃,159～232 m 有 23℃以上的暖心(图 5.2.7c)。大风发生时塔层气温急剧降低,与加速度等值线密集区对比,降温中心比加速度中心滞后 1 min 左右,主要集中在 00:10—00:14,00:12 塔层整层降温率超过 1.2℃·min^{-1},159～232 m 之间出现 1.6℃·min^{-1} 的降温中心,与全风速变化率中心对应。剧烈降温导致 00:10—00:14 等温线由 22℃降到 18℃,等温线几乎垂直于时间轴,00:15 以后气温变化速率迅速减小,等温线由塔层上部向下倾斜,表明高空仍有冷空气下沉。

上述分析表明:阵风锋靠近时塔顶上升速度逐渐增大,最大可达 1.7 m·s^{-1},而中低层变化不明显。阵风锋经过时首先在 318 m 和 232 m 的中上部转为下沉气流。灾害性大风生命史约 4 min,风速的快速增大主要表现在塔顶和 232 m 以下层次,最大加速度可超过 10 m·(s·min)$^{-1}$,并伴有 1.6℃·min^{-1} 的强降温中心,降温比加速滞后约 1 min。

(2)阵风锋成因探讨

阵风锋线成因有两种观点:一种观点是雷暴外流冷空气与环境暖湿空气之间形成的温、压、湿不连续界面,造成折射指数的突变导致电磁波散射或反射形成的,另一种观点是排列成线状的鸟群和昆虫群形成的(宗蓉,2009)。夏文梅等(2011)曾利用 ARPS 中尺度较成功地模拟出一次与雷暴单体前侧的下沉出流和冷出流伴随产生的阵风锋过程。本次阵风锋过程与 2007 年宁波两次大风个例中阵风锋成因基本相同(黄旋旋等,2008)。分析浙江省自动站资料:4 月 3 日 0 时前后强冷空气已影响到杭州湾和宁波北部,导致上述地区出现 4～6 级的西北风和 5℃·h^{-1} 以上的降温中心,并伴有 16℃以下的冷池,宁波北部 1 h 变压 3～5 hPa,有 1014 hPa 的雷暴高压中心生成,可见有强冷空气堆下沉,而此时宁波中南部和舟山海岛仍以西南风为主,并有 20℃以上的暖心和明显风切变(图 5.2.8)。风切变位置与气压梯度密集区对应,形成的辐合边界是阵风锋形成的动力因子,而风切变两侧由于冷暖气团温、湿特性不同,形成一个在水平和垂直方向上均不连续的界面造成折射指数的突变使得灵敏的多普勒雷达探测到了窄带回波。

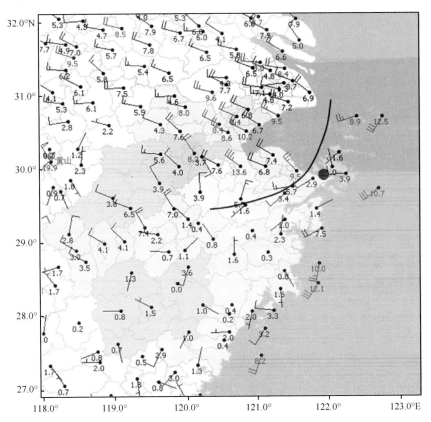

图 5.2.8　2012 年 4 月 3 日 00:00 浙江省自动站 10 min 平均实况风

（黑色实心圆点为宁波凉帽山高塔位置，黑色曲线为风切变线）

5.2.5　结论与讨论

　　基于杭州和宁波 2 部多普勒雷达、浙江省自动气象站、湖州风廓线及宁波凉帽山高塔超声风资料对 2012 年 4 月 2 日夜间浙江北部区域灾害性大风进行了详细分析，结果发现：

　　1）本次灾害性大风产生于层结稳定而相对干燥的天气背景下，高层干冷空气叠加在中低层暖气团上是触发灾害性大风的动力条件。

　　2）湖州灾害性大风由多单体风暴发展形成的有组织的弓形回波导致，其中有 3 个独立发展的强对流单体，有后侧入流缺口，中层有 MARC 辐合发展。湖州风廓线雷达资料表明导致湖州灾害性大风产生的下沉运动开始于 1 km 以下的边界层，下沉速度在 360～420 m 之间达到峰值，灾害性大风从 300 m 高度及地仅需要 2 min。

　　3）弓形回波尾部发展的强对流单体下沉气流出流边界与江苏南部东移南下的阵风锋合并加强导致了嘉兴地区的灾害性大风。宁波和舟山的灾害性大风是由另一新生成的阵风锋导致，其后部没有主体回波相伴，所经之处也无降水产生，究其成因,认为强冷空气堆下沉形成气压梯度密集区和风、温、湿切变,形成一个在水平和垂直方向上均不连续的界面造成折射指数的突变使得灵敏的多普勒雷达探测到了窄带回波。

阵风锋逐渐靠近时,宁波凉帽山高塔塔顶上升速度增强,而塔层中低层变化不明显。阵风锋影响时首先在塔层上部转为下沉气流,最大下沉速度也先在塔层上部出现,塔顶垂直下沉速度最大的时刻水平风速变化率也最大。风速的快速增大主要表现在 232 m 以下层次,速度变率最大值可超过 10 m·(s·min)$^{-1}$,最强降温可达 1.6℃·min^{-1},降温比速率变化滞后约 1 min。灾害性大风生命史约 4 min。

5.3 热带气旋[①]

热带气旋(TC)风雨影响主要表现在边界层内。边界层大气受湍流摩擦力、气压梯度力和科氏力相互作用,风廓线表现为埃克曼螺线,平均风速随高度增加而增加,当平均风的风向与地转风方向第一次重合时的高度通常被规定为行星边界层近似高度,此时风速略大于地转风,而后在自由大气层风速随高度增加呈螺旋式摆动(盛裴轩等,2013)。Franklin(2003)等第一次将 GPS 探测资料应用到 TC 内核从地面到 700 hPa 风廓线研究中,揭示了 TC 内核区边界层结构。2009—2013 年我国 973 计划项目"台风登陆后异常变化及其机理研究",对影响华东、华南的 16 个 TC 开展了外场观测试验,获得了登陆 TC 边界层结构及变化特征的新观测事实(端义宏等,2014)。项目外场观测资料表明:不同边界层高度的定义方法所确定的台风边界层高度存在较大差异。依照对数率定义边界层高度,外场试验观测台风边界层高度还不到 200 m,远远低于其他方法定义的边界层高度。同一个台风登陆前后其边界层高度也有变化。根据风廓线折射率指数(C_n^2)或信噪比(SNR)廓线的最大值确定的对流混合层高度,外场观测的 2009 年台风"天鹅"登陆前后大约为 3000~5000 m,台风"巨爵"在登陆前后混合层高度维持在 5000 m 高度,登陆之后 3000 m 高度以下混合过程明显增强(周芯玉等,2012)。如果按照低层入流层高度确定边界层高度,则"天鹅"登陆前入流高度超过 2000 m,登陆时台风路径左侧的眼区入流层高度下降至 1500 m,右侧则超过 3500 m,而登陆后入流层高度不超过 1000 m。实际业务中常用梯度风高度来表征边界层高度(肖仪清等,2012)。根据梯度风高度来确定的边界层高度表明:影响华东沿海不同 TC 的边界层高度一般在 1~5 km 之间变化,平均 3 km 左右(方平治等,2013)。TC 发展和维持的能量主要集中在内核区(Emanuel,1986),增进对 TC 登陆过程中内核区环流结构演变特征的研究,对于 TC 预报而言具有重要意义,而多普勒雷达正是国内外研究 TC 内核结构的主要工具。基于多普

---

① 本节内容发表于《热带气象学报》。姚日升,涂小萍,黄旋旋,等,2017. 强热带风暴"凤凰"(1416)登陆浙江后风场变化特征[J]. 热带气象学报,33(4):442-450.

勒雷达资料及其反演风场的分析和研究,为进一步提高 TC 边界层风场结构和降水精细化分布特征的认识提供了技术和资料支撑(刘淑媛等,2008;刘淑媛等,2010;吴俞等,2015)。目前地基雷达研究 TC 环流结构较为成熟的方法是 GBVTD(ground based velocity track display)(周仲岛等,1994;Lee et al.,1994;Lee et al.,1999)和 TREC(tracking radar echoes by correlation)技术(Rinehart and Garvey,1978)。前者对雷达探测资料质量要求高,研究范围较小,业务应用还不普遍。魏超时等(2011)曾将 GBVTD 方法应用到台风"卡努"(2005)登陆前后内核环流结构变化分析中。由于 GVBTD 方法计算较复杂,对雷达探测资料质量要求高,研究范围较小,业务应用还不普遍。天气预报业务中仍多采用传统的 TREC 方法追踪天气系统,该方法 1990 年经 Tuttle 等修改后用于边界层研究,1999 年被用于 TC 环流研究中,在等高面(CAPPI)和直角坐标系下进行回波追踪。王明筠等(2010)在 TREC 技术基础上,提出 T-TREC(tropical cyclone circulation tracking reflectivity echoes by correlation)方法,并基于超强台风桑美(0608)的资料检验了反演方法的可靠性。

　　加强 TC 个例分析,可以更好地了解不同路径、不同强度的 TC 结构,对于提高 TC 灾害性大风的预报有重要的现实意义。近年来风廓线仪、风塔等新型探测设备为登陆和近海 TC 结构研究提供了资料补充(张容焱等,2012;方平治等,2013)。由于设备多为固定点探测,TC 中心附近的实际探测资料很少。1416 强热带风暴凤凰登陆浙江后沿宁波沿海北上,其中心先后靠近宁波多普勒雷达站和凉帽山高塔,两处探测设备记录了凤凰中心靠近和远离过程中气象要素时空变化特征。基于宁波多普勒雷达和凉帽山高塔的梯度风观测,分析了凤凰内核区中低层结构的时空变化特征,有助于加深对登陆 TC 内核边界层环流变化的认识,为 TC 风力预报服务。

5.3.1　资料和方法

（1）个例概述

2014 年第 16 号强热带风暴凤凰于 9 月 18 日凌晨在菲律宾以东洋面上生成,21 日夜间进入东海南部,以后稳定北行,先后 5 次在菲律宾和我国台湾、浙江、上海登陆,9 月 22 日 19:35(北京时,下同)登陆宁波市象山县鹤浦镇(图 5.3.1)。受其影响,宁波市普降大暴雨,浙江沿海海面出现 10～12 级大风,2 个沿海自动气象站风力达到 13 级。23 日 03:00 凤凰中心距凉帽山高塔仅 21.6 km,高塔位于多普勒雷达弱回波区,逐 10 min 本站气压变化曲线上可见到漏斗状气压变化,02:20 高塔处气压降到最低值 991.4 hPa 时,地面流场辐合中心距高塔不到 20 km。

（2）资料来源和处理方法

凤凰路径和强度为国家气象中心 TC 实时业务资料。浙江省自动气象站资料来自浙江省气象信息中心,这部分资料已经过自动和人工审核,应用时没有进行质量控制。宁波凉帽山高塔资料来自宁波市气象信息中心,高塔(29.911°N,122.024°E)距大陆海岸线约 2 km,塔基和塔高分别为 20 m 和 370 m。在相对塔基 32 m,60 m,

89 m,139 m,179 m,212 m,263 m 和 298 m 的南北两侧分别安装有自动气象观测仪,风传感器为芬兰维萨拉公司的 WA15 型,温湿传感器为 HMP45D 型。高塔资料为逐 10 min,其中109 m处(相对塔基 89 m,此后无说明均指海拔高度)资料缺测,52 m处气温有误,其他层次各要素资料稳定,经人工审核后参与了分析。

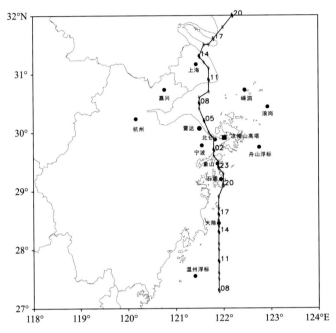

图 5.3.1　2014 年 9 月 22 日 08:00—23 日 20:00 凤凰路径(黑色实线:路径;台风标记:逐小时业务定位)

宁波多普勒雷达站距凉帽山高塔 53.4 km(图 5.3.1)。选择 2014 年 9 月 22 日 14:01—23 日 07:59 宁波多普勒雷达逐 6 min 资料,基于南京大学中尺度实验室研发的多普勒雷达资料处理系统得到 TREC 风场。系统中雷达反射率数据采用参考切面质量控制算法进行质量控制,二维多途径退速度模糊方法也被应用到资料质量控制中(Zhang et al.,2006)。仰美霖等(2011)曾将此退模糊方法应用到我国新一代天气雷达观测的台风以及强对流风暴天气过程资料质量控制中,证明了该算法不仅能处理连续性风场的速度模糊,也能处理存在大量数据缺失以及距离折叠的不连续性风场的径向速度模糊。数据预处理后,采用双线性内插将雷达资料插值到笛卡尔坐标下的等高面上。CAPPI 数据水平精度为 1 km×1 km,垂直精度为 1 km。系统利用光流方法(Beauchemin et al.,1995)确定等高面上反射率数据的搜索区域,而后建立全变分矢量场修正方法对反演数据进行质量修正(Rudin et al.,1992;Blomgren et al.,1998),最终获得较连续的水平反演风场。

5.3.2 凤凰登陆后风场时空变化

2014年9月22日20:00欧洲中期天气预报中心(ECMWF)细网格模式(分辨率为0.125°×0.125°)和美国环境预报中心(NCEP)GFS模式(分辨率为0.5°×0.5°)初始场均显示:凤凰登陆浙江时表现出明显的结构不对称性,其前进方向前侧和右侧最大风速超过10级,明显大于后侧和左侧。下面利用TREC风场来进一步分析凤凰登陆后更精细的环流结构时空变化。

(1)TREC风场分析

在宁波多普勒雷达图上凤凰没有完整的风暴眼,中心前进方向右侧和前侧(此后方位均相对于凤凰中心前进方向)有一定强度的环状回波向北移动,左侧和后侧回波较零散。23日凌晨凤凰中心进入杭州湾后,雷达站位于凤凰中心西南方向,0.5°仰角上中心前侧和右侧回波与后侧和左侧相比不仅范围更大,强度更强,而且更为连续,这是凤凰结构不对称性在多普勒雷达上的表现。回波强度连续动画图上,凤凰业务定位中心较好地对应着反演风场的环流中心,说明反演风场基本合理。图5.3.2为22日20:02—23日07:53宁波凉帽山高塔处1 km和3 km高度TREC风径向分量与多普勒径向速度时间变化对比,二者相关系数分别为0.88和0.92,平均偏差-0.59 m·s⁻¹和0.42 m·s⁻¹,平均绝对误差4 m·s⁻¹左右。事实上高塔处1~6 km高度二者相关系数均超过0.82,平均偏差不超过2 m·s⁻¹,偏差最大出现在4 km高度,为2.0 m·s⁻¹,3 km及以下偏差绝对值不超过0.7 m·s⁻¹,各层次平均绝对偏差为3.4~4.7 m·s⁻¹,说明反演径向风速可信。

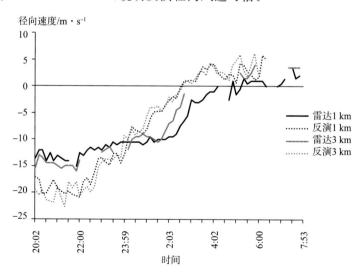

图5.3.2 2014年9月22日20:02—23日07:53宁波凉帽山高塔处1 km和3 km高度TREC风径向分量与宁波多普勒径向速度时间变化对比

浙江省自动气象站 05:00 流线和等风速线见图 5.3.3a;04:58 宁波多普勒雷达 1 km,3 km 和 6 km 高度 TREC 风场见图 5.3.3b~d。此时雷达站与凤凰中心相距仅 17.3 km,雷达探测资料和反演 TREC 风场最能体现凤凰结构的不对称性。此时风暴中心后侧仅 0.5°仰角上能探测到相对连续的回波,其余仰角回波零散,中心后侧 3 km 和 4 km 高度 TREC 风出现空间不连续变化,4 km 以上高度时间上也表现出不连续。由于二维多途径退速度模糊方法在回波边缘或者孤立区域等一些小的无回波区可能失效(仰美霖等,2011),此时凤凰中心后侧 4 km 及以上 TREC 风被认为不可信,图 5.3.3d 中位于宁波石浦到舟山浮标站之间的反演风速不作分析。

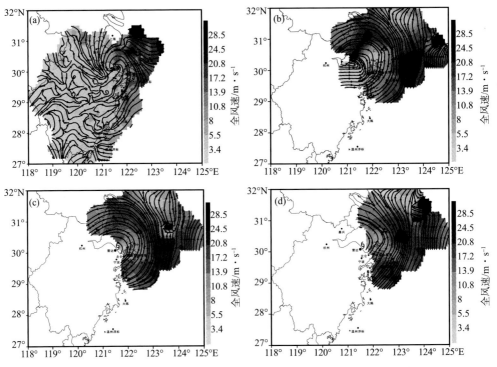

图 5.3.3 2014 年 9 月 23 日 05:00 浙江省自动气象站观测风场(a)、04:58 宁波多普勒雷达 1 km(b),3 km(c)和 6 km(d)高度 TREC 风场(填色:全风速/m·s⁻¹;台风标记:凤凰中心位置)

图 5.3.3 中 1 km 高度 7 级以上风速带主要在风暴前进方向右侧和前侧,与自动气象站观测风速 7 级以上风力主要位于近海海区基本相似,陆地风速一般小于 4 级,表现出陆地和海区风速的明显不对称,1~3 km 高度中心前、后侧的反演风速也表现出不对称性,前侧风速大于后侧。风速垂直变化分析,前侧与右侧表现不同,前侧最强风速带出现在 1 km 高度,中心值达到 9 级,3 km 减小到 8 级,6 km 高度已减小到 6 级,表现出较明显的风速垂直变化,而右侧位于海区上空,各层次均存在 7 级以上风速带,宽度 1~2 个经距不等,不仅范围较前侧更宽,且垂直变化更小,最强风速出现在 3 km 上下。距凤凰中心 100 km 左右的浙江沿海自动气象站基本进入各层次风速相对大值带。

TC 条件下由于机械混合作用较强,最大风高度、梯度风高度一致(Vickery et al.,2009),取 TREC 风速表现最强的高度为凤凰边界层近似高度,23 日 05:00 凤凰前侧边界层高度为 1 km 左右,而右侧升高到 3 km 上下。前侧不仅风速垂直变化明显大于右侧,边界层高度也低于右侧,分析原因,边界层湍流摩擦在低压区产生水平风的辐合而形成垂直运动,增大了地转涡度。由于边界层高度与地转涡度呈反相关,因此表现出凤凰前侧边界层高度明显低于右侧(盛裴轩等,2013)。

图 5.3.4a～f 分别为 9 月 22 日 20:00—23 日 08:00 不同高度(1 km,3 km 和 6 km)沿凤凰中心前后(图 5.3.4a～c)和左右(图 5.3.4d～f)逐小时 TREC 风随中心距离的变化,可见前侧 1 km 和 3 km 最强风速中心值超过 17.2 m·s^{-1},与风暴中心的距离(最大风速半径)60 km 左右,随中心北移变化不大,最大风速带宽度约 50 km。TREC 风速 1 km 高度最强,并随高度增加而减小,至 6 km 风速中心基本消失。风暴中心右侧最大风速半径一般为 80～120 km,随中心北移有增大趋势,最大风速带宽度 100 km 左右,1 km 与 3 km 高度风速带范围和形状相似,6 km 风速虽有减小,但仍维持着 8 级以上风速带,可见右侧风速垂直变化明显小于前侧。同一时刻前侧和右侧不同高度最大风速半径基本相同,与 0515 卡努台风的最大风速半径随高度有 20°左右的倾斜有所不同(魏超时等,2011)。分析 1～6 km 最大 TREC 风速所在高度得出,凤凰北上过程中前侧边界层高度基本维持在 1 km 左右,而右侧可能伸展到 3～4 km,与方平志等(2013)对多个影响华东沿海的 TC 风廓线观测研究结果吻合。

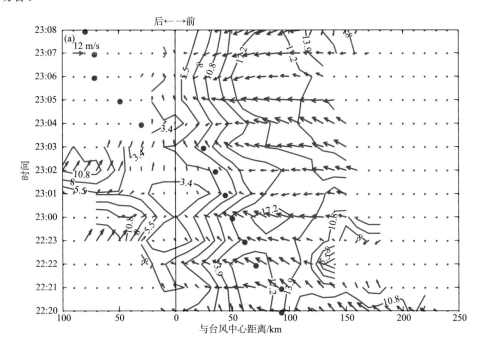

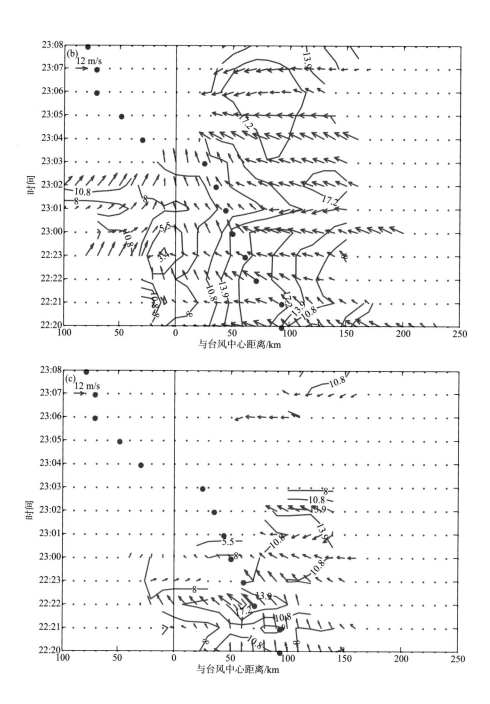

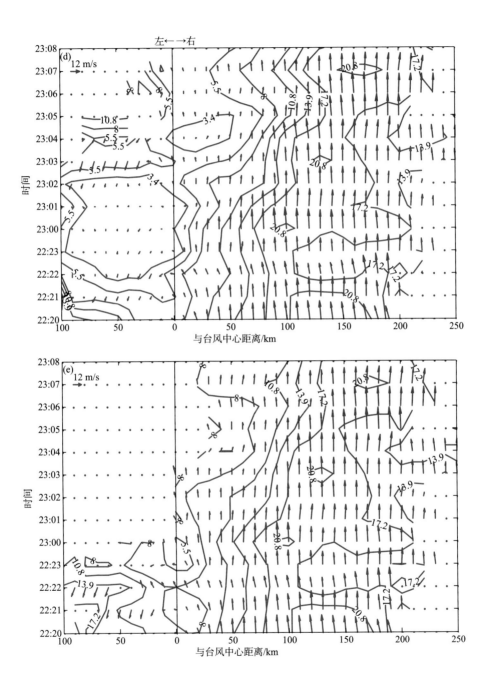

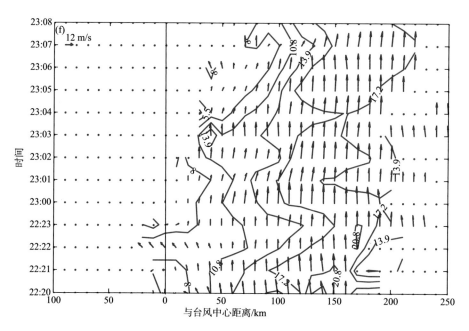

图 5.3.4　2014 年 9 月 22 日 20：00—23 日 08：00 沿凤凰中心前进方向(a～c)、左右(d～f) 1 km(a,d)、3 km(b,e)、6 km(c,f)高度不同半径风速的逐小时变化(a～c 中实心圆点为凉帽山高塔相对凤凰中心的距离)

自动气象站观测分析发现：3 h 累积降水超过 30 mm 的降水带随着强风速带向北推进。图 5.3.5 为凤凰中心靠近宁波石浦站(a)、象山站(b)和北仑站(c)逐小时降水和最大风速变化,可见 TC 中心距站点 40～100 km 之间时(大致对应着 1 km 高度 8 级风速带宽度)雨强都大于 5 mm・h^{-1},自动气象站 1 h 最大雨强分别出现在 TC 中心前侧(偏北方向)89、86 和 88 km 处,逐小时最大风速呈波动式起伏并缓慢减小。8 级风速带经过的 5～6 h 内,3 站点累计降水量分别达到过程总降水量的 39%,41% 和 56%,是凤凰风雨影响最明显的时段,站点过程极大风速和最大雨强也出现在该时间段。

(2)高塔处风速及其阵性时空特征

图 5.3.6 为 9 月 22 日 20：00—23 日 08：00 宁波凉帽山高塔处 0～6 km 逐 10 min平均风速时间高度剖面(318 m 及以下为高塔梯度风观测,1～6 km 为连续 2 个时次 TREC 风的平均)。分析发现：22 日 20：00—23：00 高塔位于凤凰右前侧风速带,5 km 以下持续 8 级以上大风,并在 159 m 附近出现多个 10 级以上的风速中心,2～4 km 也有 9 级以上的中心。TREC 风场计算的涡度表明该时段高塔上空为正涡度平流,21：30—22：30 在 2 km 以上层次有 0.3×10^{-6} s^{-2} 的正涡度平流中心,随着风暴中心靠近,23 日 00：00 开始回波逐渐减弱消散,各层风速快速减弱,高塔处转负涡度平流为主。

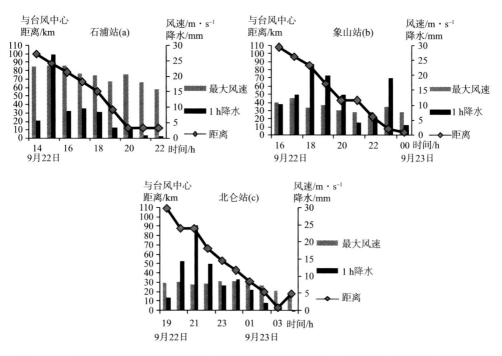

图 5.3.5　凤凰中心靠近时各站点逐小时降水和最大风速变化(a:石浦站;b:象山站;c:北仑站)

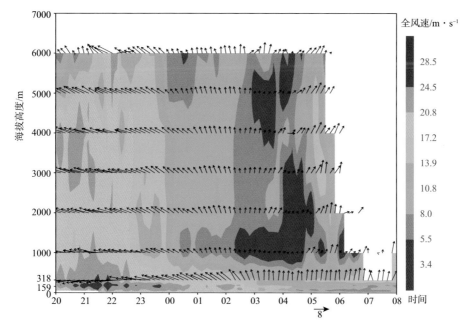

图 5.3.6　2014 年 9 月 22 日 20:00—23 日 08:00 宁波凉帽山高塔处 0～6 km 高度逐 10 min
平均风速时空演变(填色:全风速/m·s⁻¹;箭头:风矢量;横坐标:时间/h;纵坐标:海拔高度/m)

分析 22 日 20:00—23 日 08:00 高塔处 318 m 及以下边界层低层阵风系数(定义为逐 10 min 极大风速与平均风速的比值,图 5.3.7a)时空变化:22 日 20:00—23 日 02:00 凤凰对高塔处风雨影响虽然最大,但塔层阵风系数并不大,基本维持在 1.2 左右,1.3 以上的阵风系数短时出现在 52 m 以下的贴地层。02:00—05:00 凤凰中心经过高塔时阵风系数明显增大,04:00—05:00 在 52 m 附近观测到超过 1.8 的阵风系数。05:00 后随着 TC 中心逐渐远离,阵风系数逐渐减小,但仍大于 23 日 02:00 之前。凤凰阵风系数表现与 0214 黄蜂,0218 黑格比和 0313 杜鹃相似(范天一,2005)。图 5.3.7a 还可见:超过 1.6 的阵风系数主要发生在 159 m 以下风暴中心附近及其右后侧近地层,由于阵风系数与湍流强度具有正相关性(胡尚瑜等,2011),可以推断强湍流主要发生在凤凰中心附近及其右后侧 159 m 以下的近地层内。

将凤凰对高塔影响分为三个时段:风暴中心右前侧(20:00—02:00)、中心(02:00—05:00)和右后侧(05:00—08:00),分别计算逐 10 min 阵风系数和平均风速廓线,图 5.3.7b 和 c 给出了三时段平均廓线。分析可见:159~318 m 塔层阵风系数差异不大,风速随高度也不满足指数率或对数率,高塔位于中心右前侧和中心附近时风速随高度甚至有所减小。阵风系数随高度增加而减小的趋势主要表现在 159 m 以下层次,当高塔位于右前侧时塔基阵风系数 1.28,且阵风系数随高度减小,52 m 以上层次阵风系数小于 1.2,表明相对强的湍流主要发生在 52 m 以下的贴地层,风廓线(图 5.3.7c)则表现为 159 m 以下风速与对数高度呈线性变化,故认为凤凰常通量层高度约为 159 m(方平治等,2013)。与高塔位于凤凰右前侧时对比,当高塔位于凤凰中心附近和右后侧时,风向转为偏南风,由于地形狭管效应,塔基风速大于 52 m,52~159 m 之间风速才遵从对数率变化,159 m 以下近地层阵风系数有不同程度的增大,平均分别增大 0.1 和 0.2,中心附近时塔层阵风系数差异最小,湍流强度上下差异也应该最小,而风暴远离时 52 m 平均阵风系数最大,达到 1.45,湍流强度也应该最强。

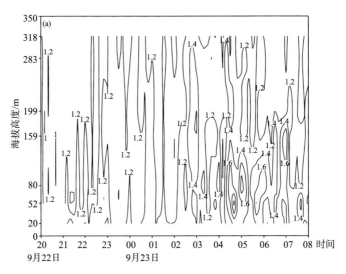

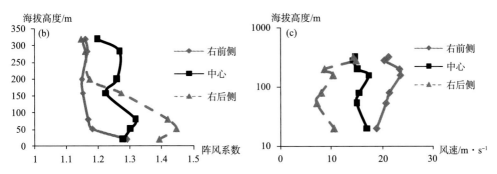

图 5.3.7　2014 年 9 月 22 日 20:00—23 日 08:00 宁波凉帽山高塔处逐 10 min 阵风系数时空演变(a)、不同时段近地边界层平均阵风系数廓线(b)和风廓线(c)

5.3.3　结论和讨论

　　基于宁波多普勒雷达资料及其 TREC 反演风场、浙江省自动气象站观测及宁波凉帽山高塔梯度观测等多种资料,对 1416 热带风暴凤凰登陆浙江沿海后风场及其阵性特征进行分析,结果发现:

　　1)凤凰登陆后结构明显不对称,8 级以上 TREC 风速带位于前进方向的前侧和右侧。前侧最大风速半径 60 km 左右,随中心北移变化不大,最大风速带宽度约 50 km。右侧最大风速半径一般为 80~120 km,随中心北移有增大趋势,最大风速带宽度 100 km 左右,右侧风速垂直变化明显小于前侧。同一时刻前侧和右侧不同高度最大风速半径基本相同。前侧边界层高度基本维持在 1 km 左右,而右侧可能伸展到 3~4 km。

　　2)浙江沿海最明显的站点风雨主要出现在气象站点距离凤凰中心前侧(偏北)40~100 km 的范围,此时站点大致位于凤凰前侧 1 km 高度 TREC 风的 8 级强风速带中。

　　3)凤凰北上过程中高塔 159 m 附近和上空 2~4 km 出现多个风速高值中心。高塔处凤凰常通量层高度约为 159 m。159~318 m 塔层风廓线不满足指数率或对数率,阵风系数上下差异不大;159 m 以下的常通量层内,风廓线基本遵从对数率,当高塔位于凤凰右前侧时,塔层阵风系数随高度增大而减小,位于中心附近和右后侧时,阵风系数明显增大,且各层差异减小。

　　4)凤凰沿浙江沿海北上过程中,其前进方向左右两侧分别位于陆地和海面上,结构上表现出明显的非对称性,在一定程度上体现了不同性质下垫面的影响。位于海区上空的 TC 环流,不仅垂直风速切变小,强风速带范围跨度大,而且边界层高度明显高,而陆地上空已没有明显的大风区,说明地形摩擦对 TC 环流的明显削弱作用。

　　由于单部多普勒雷达探测的局限性,加强多普勒雷达组网同步观测和分析,可以进一步提高反演风场的精确性和完整性(白玉洁等,2012)。另一方面,提高多普勒雷达资料 TC 结构反演技术也能进一步提高反演效果,如将现有的 T-TREC (Tuttle et al.,1990)技术与 GBVTD 技术相结合,一方面可以突破 GBVTD 技术中径向风观测范围较小的限制,另一方面减少了传统 TREC 方法因主观设定搜索区域和回波结构均匀造成的误差,二者的结合有望改善更大范围的 TC 雷达精细化反演问题,并为改善数值模式涡旋初始结构提供资料。

5.4 冰雹①

冰雹常与超级单体或强单体风暴相伴。在经典的超级单体三维模型中,上升气流从右前方进入风暴,到了高层气旋式扭转进入云砧区,下沉气流在对流层中层从风暴右边进入,从左后方的低层离开(Lemon et al.,1979)。王秀明等(2009)基于数值模拟和雷达观测的超级单体概念模型,给出了回波墙—有界弱回波区(穹窿)—悬挂回波结构、对峙的倾斜上升下沉气流、分裂右移发展等特征。超级单体风暴前、后侧的下沉气流与低层入流形成的辐合旋转作用是风暴长时间维持的原因(冯晋勤等,2012)。

随着中国多普勒天气雷达的组网建设,雷达资料在强对流天气的分析、研究和应用中得到了快速加强。通过对不同季节(许新田等,2010;刘一玮等,2011;陈涛等,2012;樊李苗等,2013)、地区和类型强对流冰雹天气过程的环境场条件和中尺度系统演变分析,得出强不稳定层结和一定的外部抬升力条件是产生强对流天气的共同特征,热力作用对冰雹发展作用显著,对流有效位能(CAPE)高值区和抬升指数(LI)低值区与强对流天气的发生区域对应较好,探讨了环境条件差异及其对中尺度对流系统(MCS)的影响。陈英英等(2013)研究得出对流云团的生长中心与雷达反射率因子大值区相对应,云体的合并有助于对流云的发展和维持。

强对流天气研究主要是基于常规观测和多普勒天气雷达资料,对边界层结构变化研究还不多,主要由于强对流天气的时空尺度偏小导致资料难以捕捉。事实上边界层是强对流天气的水汽和特征,在大气边界层动力学及其与自由大气相互作用的研究上具有重要价值。盛日锋等(2011)分析了济南市 100 年一遇的突发性大暴雨天气过程的成因及中尺度特征,得出边界层中尺度辐合中心和辐合线的生成、动力支撑,谈哲敏等(2005)研究发现,Ekman 边界层近似模型可以较好地揭示大气边界层动力学发展是这次大暴雨产生的启动机制。井喜等(2011)对一次暴雨过程进行了大尺度环境场和中尺度影响系统的综合分析,表明低空急流和边界层东北风是中尺度对流复合体(MCC)生成、发展的触发机制之一。苏爱芳等(2012)分析 2009 年 8 月冀中南地区的突发性强风雹天气过程,得出扩散南下的弱冷空气对强对流起触发作用,地面辐合线进一步促进了对流发展。近年来各种新型探测技术不断发展,风廓线雷达、边界层梯度观测等为对流风暴结构的精细化研究提供了进一步支撑。戴建华等(2012)利用双风廓线仪对比观测分析了 2009 年 6 月 5 日上海一次飑前强降雹发生前环境风场的演变,发现超级单体发展的低空风场环境中具有较大的垂直风

---

① 注:本节内容发表于《高原气象》。姚日升,涂小萍,杜坤,等,2015.两次冰雹过程边界层气象要素变化特征[J].高原气象,34(6):1677-1689.

切变和风暴相对螺旋度,中尺度对流系统与环境场的相互作用形成了有利于风暴发展和维持的正反馈机制。

基于常规气象资料、浙江省自动气象站、宁波多普勒雷达和凉帽山 370 m 高塔超声风观测等多种资料,对宁波市两次不同天气背景下发生的冰雹过程进行边界层特征分析,以观测事实证明冰雹天气的概念模型,归纳雹暴天气环境入流区和前部冷出流区的边界层气象要素变化特征,展示雹暴天气边界层的微结构模型,为冰雹等强对流天气的监测和预报提供思路和方法。

5.4.1 资料选取

所用资料包括常规天气观测、浙江省自动气象站(AWS)、宁波多普勒雷达和宁波沿海凉帽山 370 m 高塔边界层梯度观测资料。选取的两次冰雹个例分别发生在 2012 年 7 月 7 日下午(个例 1)和 2013 年 3 月 22 日凌晨(个例 2),发生地点均在宁波市北仑区。

图 5.4.1 给出了所用资料的站点位置。距离两次冰雹发生地最近的 3 个探空站(实心圆圈),分别为上海宝山站($121.46°E,31.41°N$)、杭州站($120.17°E,30.23°N$)和浙江洪家站($121.42°E,28.63°N$);1 个雷达站为宁波 WSR-98D 多普勒天气雷达站($121.52°E,30.06°N$,海拔 418 m),3 个国家站,分别为宁波镇海气象站($121.60°E,29.98°N$,海拔 4 m)、宁波鄞州气象站($121.55°E,29.78°N$,海拔 6 m)、宁波北仑气象站($121.83°E,29.88°N$,海拔 5 m),其中北仑站也是个例 1 的冰雹落区;凉帽山高塔($122.02°E,29.91°N$,塔基海拔 20 m),个例 2 降雹区经过了该处。

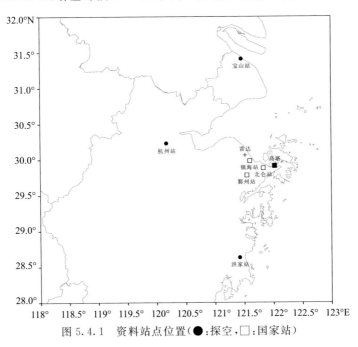

图 5.4.1 资料站点位置(●:探空,□:国家站)

5.4.2 个例实况分析

(1)个例1

2012年7月7日08:00(北京时,下同)500 hPa高空图上浙江处于副热带高压西北边缘,700 hPa及以下的中低层浙江盛行西南风,利于气温的升高,925 hPa和地面图上沿长江流域有东西向风切变,这样的天气形势为强对流天气的发生提供了热力、动力条件。由于气温快速升高,7日午后浙江省大部分地区都出现雷暴天气,杭州、宁波、台州、温州等地局部还出现8~10级雷雨大风,宁波北仑区出现系统性强雷电、短时暴雨和冰雹,过程造成短时降温近12℃,13:52—13:57北仑站观测到冰雹,最大直径为20 mm,平均重量为2 g。

(2)个例2

2013年3月21日20:00 200 hPa从华南到华东有较大范围的高空急流,急流中心在江西中部—福建北部—浙江南部,洪家站的全风速达63 m·s^{-1},500 hPa中纬度有小槽东移,引导其后部弱冷空气南下,低层850 hPa广西—湖南—安徽—山东存在低空急流(≥18 m·s^{-1}),21日02:00地面图上安徽、江苏受低压控制,低压东移导致江苏、上海、安徽南部、江西东部和浙江出现大范围的雷暴天气。22日凌晨宁波自西向东出现雷雨大风等强对流天气,03:30—03:50北仑区自西向东出现1 cm左右冰雹,降雹时间持续数分钟。

(3)探空和物理量指标对比

图5.4.2为两次冰雹发生前杭州站探空 T-lnP 图。2012年7月7日08:00(图5.4.2a),杭州站700 hPa以下温度露点差为4~5℃,500 hPa增大为8℃,具有"上干下湿"的结构,CAPE值达2853 J·kg^{-1},存在明显的条件对流不稳定能量。2013年3月21日20:00(图5.4.2b),850 hPa以下存在逆温,低层大气层结比较稳定,来自地面的气块很难穿越逆温层获得浮力,对流触发在850 hPa以上,具有高架雷暴的特征(吴乃庚等,2013;张备等,2014)。850 hPa以下温度露点差仅为3℃左右,500 hPa增大到20℃,存在明显的"上干下湿"层结。

冰雹发生前上海宝山、浙江杭州和洪家3个探空站物理量指数表明,个例1比个例2有更好的强对流发生、发展潜势。A指数、K指数和SI指数均表示大气层结是否稳定的常用指数,一般A指数越大表示大气越不稳定,K指数>35℃,层结就相当不稳定,SI指数<0时,层结不稳定,且负值越大,不稳定程度越大。个例1中3个站A指数和K指数均明显大于个例2,K指数>38℃,SI指数<−2℃,而个例2中最大K指数<30℃,SI指数均为正值。对流有效位能(CAPE)和对流抑制能量(CIN)对比,个例1中2个站CAPE>2800 J·kg^{-1},且有CIN能量存在,利于不稳定能量积聚,也更利于强回波的产生,因此降雹强度较大。

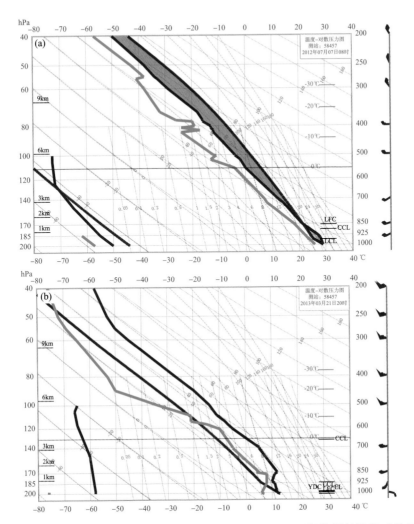

图 5.4.2 2012 年 7 月 7 日 08:00(a)与 2013 年 3 月 21 日 20:00(b)杭州站温度-对数压力图

0℃层和−20℃层位势高度分析,个例 1 分别约为 5100 gpm 和 8400 gpm,个例 2 则约为 3100 gpm 和 6400 gpm,反映出春、夏季差异,但都是适宜于雹云发生、发展的高度(王华等,2007;许新田等,2010),且两次过程中−20~0℃层之间的厚度接近,均在 3300 gpm 左右。

在给定的大气热力条件下,环境风场的垂直切变对雷暴发生、发展有重要的影响,通气管指数体现了 300 hPa 和 850 hPa 风的差异,可以反映垂直风切变的强度(王华等,2007;刘健文等,2005)。分析发现两次过程均存在较强的环境风场垂直切变,个例 2 的洪家站通气管指数更是高达 1228 m·s⁻²,原因是该站位于高层急流中心轴上,300 hPa 和 850 hPa 的风速分别为 44 m·s⁻¹ 和 12 m·s⁻¹,风速切变大。两次过程在1000 hPa 以上基本是西风到西南风,1000 hPa 到地面是偏东风,低层存在较大的垂直风向切变,个例 1 在 0~2 km 和 0~6 km 垂直风切变分别为 11.64 m·s^{-1} 和 11.18 m·s^{-1},个例 2 分别为 14.78 m·s^{-1} 和 26.87 m·s^{-1}。较强风切变和"上干下湿"的层结为强对流发展提供了动力条件。

(4)雷暴雷达回波演变概况

个例 1 中,2012 年 7 月 7 日 11:58 在 2.4°仰角宁波多普勒雷达探测到宁波奉化境内有弱回波,该弱回波从中层开始发展,2 个体扫之后 0.5°仰角上也开始探测到弱回波,随后回波快速发展,12:20 强单体中心强度已达 65 dBz,12:31 有 2 个新的对流单体在其东北侧生成,随后 30 min 内这 3 个对流单体相互制约、移动缓慢,12:59 在宁波市区南部形成大范围强度超过 50 dBz 的块状回波(图 5.4.3a),并迅速加强,13:16 和 13:33 的雷达反射率上表现出钩状回波(图 5.4.3b~c,0.5°和 1.5°仰角均有),剖面图上具有强单体的回波墙、弱回波区和悬垂回波结构。回波以 30 km 的时速向东北方向移动,13:49 强单体中心位于宁波市北仑区,0.5°~2.4°仰角上中心强度均超过 60 dBz(图 5.4.3d),13:51 以后北仑气象站观测到冰雹。

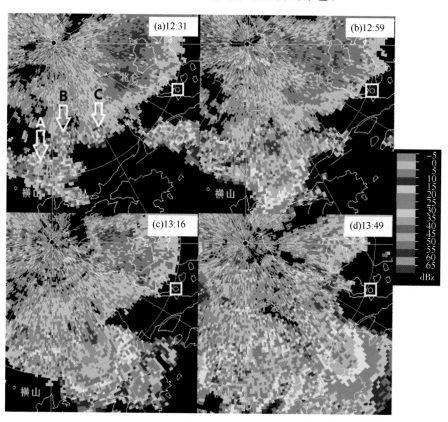

图 5.4.3　2012 年 7 月 7 日宁波多普勒雷达 2.4°仰角反射率演变
(a)12:59,(b)13:16,(c)13:33,(d)13:49,□表示高塔所在位置

个例2在宁波多普勒雷达上则表现为自西北向东南的移动性回波带,02:29强回波带移至雷达站附近(图5.4.4a,白色箭头所指);03:16回波带位于舟山西北部海面—宁波镇海—宁波鄞州西部一线,2.4°仰角雷达反射率上宁波境内带状回波中有2个中心超过50 dBz的对流单体发展(图5.4.4b中A,B箭头所指),03:27 A,B中心影响北仑区,强度超过60 dBz(图5.4.4c),03:30以后北仑区开始观测到弹珠大小冰雹,降雹区域随对流单体快速向东偏南方向移动,回波强度维持,03:38强对流单体接近高塔,中心强度超过60 dBz(图5.4.4d)。

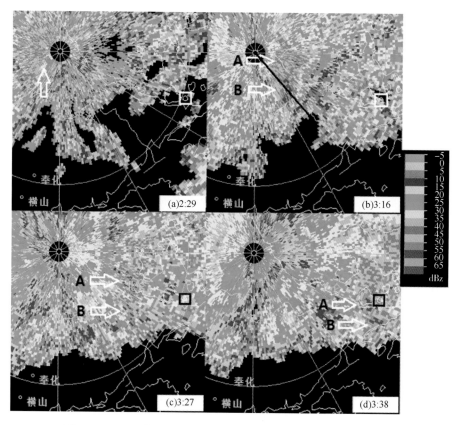

图5.4.4　2013年3月22日宁波多普勒雷达2.4°仰角反射率演变
(a)02:29,(b)03:16,(c)03:27,(d)03:38,□表示高塔所在位置

5.4.3　边界层资料对比分析

宁波凉帽山高塔超声风速仪记录了这两次冰雹过程中边界层气象要素变化,自动气象站记录了地面气象要素的变化。个例1冰雹发生地距离凉帽山高塔近20 km,个例2降雹区经过高塔,所以个例1的高塔边界层体现了冰雹发生时的环境场变化,而个例2则反映了降雹前后从环境场到降雹区的边界层气象要素的变化。

（1）个例1

个例1的强多单体风暴于7月7日13:16形成并快速发展,13:33≥55 dBz强回波中心高度超过12 km,≥65 dBz强回波中心高度超过9 km,13:44宁波多普勒雷达0.5°仰角基速度图上,低层强回波中心(图5.4.5a中△处)靠近雷达的一侧为朝向雷达的负速度,有≤−20 m·s⁻¹的负速度中心,而远离雷达一侧为多普勒正速度,表现为辐散,是由雹暴后部下沉气流的低层辐散所造成,与13:40宁波市自动气象站观测资料相比,强回波中心附近西北侧有3个自动气象站出现6级以上南风到东南风,而南侧多为东北风或偏北风,也表现为气流的辐散(图5.4.5c);图5.4.5a圆形区域内为大片朝向雷达的负速度区,是雹暴前进右前方的低层入流区域,与图5.4.5c对应区域的地面实况相一致,负速度区随着雷达仰角的抬升而消失,表明偏东入流仅出现在低层。

超级单体或强单体冰雹云内气流是由两支对峙相切的上升和下沉气流组成(Browning et al.,1976;黄美元等,1999)。从13:44沿雷达站到强回波中心方向(图5.4.5a直线)的基速度剖面(图5.4.5b)可看出,靠近雷达一侧的下沉气流在高层加强了辐合,2 km以下向两边辐散。图5.4.5b中逆风区(负速度区被正速度区包围的区域)向上伸展的高度超过13 km,说明对流旺盛且深厚,对冰雹云的发展起到至关重要的作用。

13:40地面流场(图5.4.5c)可以看出,出流边界前沿存在较明显的气流辐合带,北仑站和凉帽山高塔分别位于前出流边界前沿和雹暴右前方偏东入流区。根据强回波中心与北仑站的距离,可推断出流边界前沿可能在降雹区前8~9 km处。整个冰雹发展到发生阶段(12:30—14:00)的地面流场基本都具有这样的特征,并随着雹暴的移动,辐散、辐合中心也向前移动,且相对雹暴中心(强回波中心)的位置变化不大。

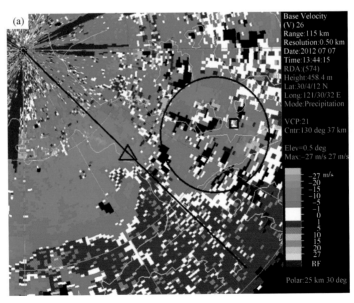

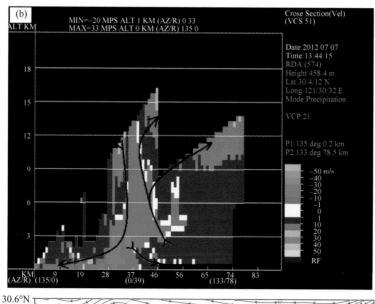

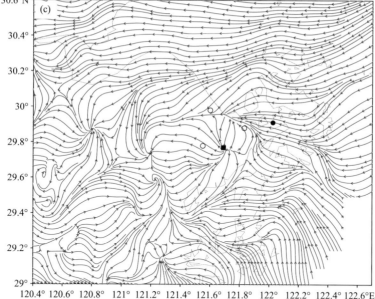

图 5.4.5　2012 年 7 月 7 日宁波多普勒雷达 0.5°仰角基速度(a)、
径向基速度剖面(b)和地面流场(c)

（a）13:44,△为强回波中心位置,大圆形为雹暴右前方低层入流区域,□为高
塔位置,（b）13:44 沿图 5.4.5a 直线的剖面,（c）13:40,○为 3 个国家常规站,●为
高塔位置,■为雷达反射率回波中心

从个例 1 冰雹发生前后（12:30—14:20）北仑站地面气象要素逐分钟变化（图
5.4.6）可以看出,13:56—13:57（降雹时间为 13:52—13:57）地面各种气象要素都有

较为剧烈的变化,风向突变,风速突增(13:56最大,达8.3 m·s^{-1}),气压突增(13:57最大,达1004.4 hPa),气温突降(13:57降幅最大,达−0.8℃·min^{-1}),相对湿度突增(13:57增幅最大,达5%·min^{-1}),这些变化都因降雹所致,降温的主要原因是下沉气流将高层较冷空气带到低层,而温度下降导致相对湿度增大,增压则是冷空气在近地层堆积形成的雷暴高压所致。从图5.4.6a还可以看出,12:40—13:30北仑站地面气压较小而风速较大,对照这段时间的地面流场(图5.4.5c)可以看出,北仑站处于雹暴的入流区,雹暴上升支气流的抽吸作用导致这一结果。分析镇海站、鄞州站的气象要素变化也能发现同样的观测事实,只是由于雹暴中心相对3站的位置不同,各站气象要素变化的时间和强度也有所不同。

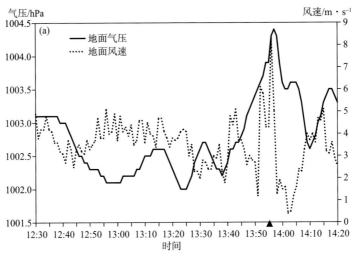

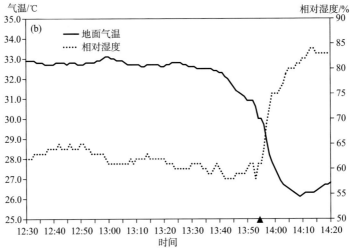

图5.4.6 2012年7月7日北仑站地面气象要素演变

(a:地面气压和风速;b:地面气温和相对湿度;▲:降雹开始时间)

从图 5.4.7a 可看出,降雹前后雹暴右前方环境边界层盛行偏东气流,雹前 20 min(13:30—13:50)环境风速从近地层开始增大,13:47 前后在 52 m 处观测到 7 级(15.1 m·s^{-1})风速中心。速度变率中心逐渐由近地层向塔层上部转移,13:48 在 199～232 m 层出现每分钟 2 m·s^{-1}以上的速度变率中心。由相应时刻的垂直速度(图 5.4.7b)可知,降雹前后高塔处均为上升气流,13:35 之前高塔 52 m 和 318 m 上升速度均在 0.5 m·s^{-1}以下,13:35 开始 52 m 垂直上升速度明显增大,13:41 达最大值(1.1 m·s^{-1}),而 318 m 处则从 13:46 才开始明显增大,比 52 m 处滞后 11 min,并于 13:49 上升速度达到最大(0.79 m·s^{-1})。从塔基地面气压变化(图 5.4.7b)可以看出,对应水平风速和上升速度的增大,13:30 至降雹结束高塔地面气压小于 1000 hPa,表明环境气压低,降雹前(13:40—13:50)环境气压还有下降趋势。由此可见,冰雹云发展阶段,云中上升气流的抽吸造成其下方地面气压的降低,为入流的增强提供了原动力,导致高塔位置水平风速的增大并伴随着上升运动。高塔上下层对比,无论是水平风速还是垂直速度的增大都是从低层开始,逐步扩展到高层。北仑站降雹后,雹暴云团东北移入海并没有立即减弱,高塔边界层仍然观测到垂直上升运动,但上升速度和水平风速都逐渐减小。

通过分析塔层气温和变温率(图 5.4.7c)可看出,13:27 起塔层逐渐开始降温,降温率不大,一般不超过−0.1℃·min^{-1},但仍清楚地显示出由低层向高层传递的特征,究其原因是雹云内上升支的抽吸作用,造成高塔位置低层偏东风的入流加强,来自海洋的气流温度相对较低,冷平流造成降温,另一个原因是抽吸作用造成近地层气压降低,空气绝热膨胀也造成气温下降。伴随降温过程,相对湿度有所增加,增湿的趋势也由低层向高层传递(图 5.4.7d)。

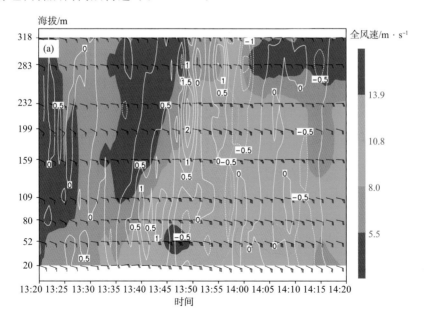

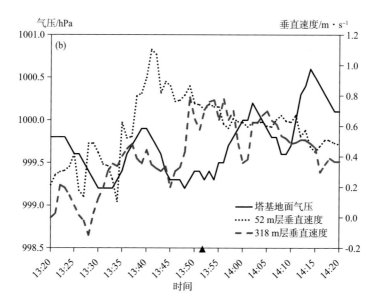

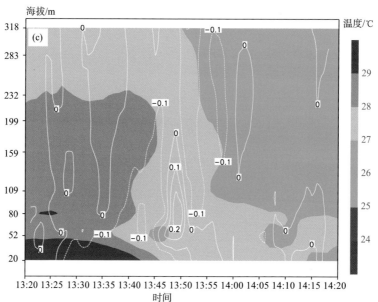

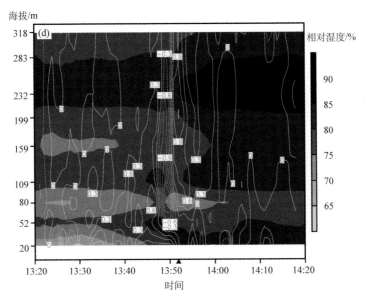

图 5.4.7　2012 年 7 月 7 日 13:20—14:20 高塔站逐分钟各气象要素的时空演变(a,c,d)及时间变化(b)

(a)阴影区:全风速(单位:m·s^{-1}),等值线:全风速变率(单位:m·(s·min)$^{-1}$),风向杆时间间隔:2 min,(b)垂直速度正值为上升速度,(c)阴影区:温度(单位:℃),等值线:变温率(单位:℃·min^{-1}),(d)阴影区:相对湿度(单位:%),等值线:相对湿度变率(单位:%·min^{-1}),▲:降雹开始时间

值得注意的是,降雹前(13:49 前后)在 20～159 m 有持续 3 min 的增温,最大增温中心在 80 m 层,达 0.38℃·min^{-1}(图 5.4.7c),同时 52～283 m 有一个短暂的相对湿度减小过程,最大减湿中心仍在 80 m 层,达到 2%·min^{-1}(图 5.4.7d)。13:48 前后水平风速在 52～80 m 层有超过 -0.5 m·(s·min)$^{-1}$ 的负变率中心(图 5.4.7a),并伴有塔基气压的扰动,这一观测事实验证了 Parker et al. (2004)通过数值试验得到的结论之一:雹暴内上升气流由于降水的拖曳作用在短时间内受到抑制,从而削弱抽吸作用,导致低层入流短时间内减小和气压瞬时扰动增加。扰动压力对温度从而对饱和水汽压有重要影响,本次个例中近地层气压短时间升高造成空气绝热压缩,从而导致气温升高和相对湿度降低。

对比多普勒雷达资料和边界层的风、温、湿变化可以得出,冰雹过程的不同阶段高塔边界层要素表现不同。在冰雹云发展阶段,雹云内上升气流增强而带来的抽吸作用使其下方气压降低,增强了低层入流,高塔处的水平风速、垂直上升运动和温湿变化都显示出由低层向上层转移,说明抽吸作用首先表现在低层,然后再向上扩展。

(2)个例 2

个例 2 发生在春季,天气剧烈程度相对个例 1 要弱,60 dBz 以上强回波的范围和高度明显小于个例 1,且没有个例 1 中的深厚逆风区,但反射率剖面图上 55 dBz 强回波中心高度接近 9 km,说明对流比较旺盛。速度径向剖面(图 5.4.8a)分析发现,

03:10是速度剖面发生较大转折的时刻,3～7 km 是朝向雷达的负速度,而其上下都是正速度,3 km 以下的正速度区中存在着零星的负速度逆风区,表明气流在垂直方向存在着较明显的风切变,水平方向低层有多普勒辐散、辐合,而 03:10 之后的径向速度剖面是上下层一致的正速度,这一点从风暴前沿 01:40 经过雷达站前后的雷达风廓线产品中也得到了证实。此次过程的强天气都集中在风暴前沿过境时的短短几分钟内,也说明了垂直风切变是强对流天气发生的一个重要条件。

地面风场演变显示了地面风切变的东移南压。03:20 宁波自动气象站实况可以清楚地看到,宁波沿海的地面风切变和辐合,其前部为 6～7 级南风到东南风,为冰雹云的发展提供低层入流,切变线后部为西风到西北风,局部地区出现 6～8 级瞬时大风,是雷暴下沉气流出流边界所致。与个例 1 类似,地面流场上(图 5.4.8b),0.5°仰角雷达反射率回波中心附近存在较明显的气流辐散区,前方有较明显的气流辐合带,与个例 1 不同的是,个例 2 主体回波呈带状,所以在整个冰雹阶段(02:30—03:50),辐散和辐合区都表现为清楚的带状特征,只是随着雷暴的移动位置有所不同。通过雹暴前沿经过镇海、北仑站时与雹暴中心距离可以计算出前出流边界前沿分别在降雹区前 9.7 km 和 8 km 处。个例 2 冰雹发生前后(02:00—04:00)镇海站和北仑站地面气象要素变化总体与个例 1 类似,对应入流时段,镇海站温湿场同个例 1 中边界层高塔表现,存在一个气温较低,相对湿度较大的时段(02:30—02:50),分析对应时段的地面流场可以看出,镇海站正好处于入流区内且入流为最强盛的时段,说明抽吸作用较强而入流增大时,会导致气温下降、相对湿度增大。

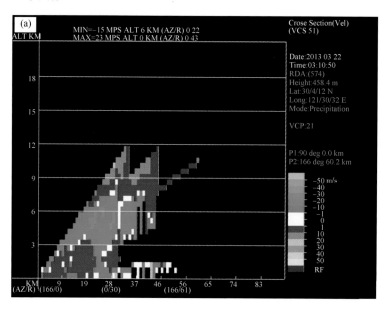

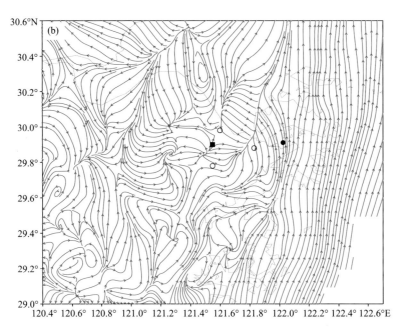

图 5.4.8　2013 年 3 月 22 日宁波多普勒雷达 0.5°仰角基速度径向剖面和地面流场分布
(a:03:10 沿图 5.4.4b 直线的剖面;b:03:20,○:3 个国家常规站,●:高塔位置,■:雷达反射率回波中心)

　　由于冰雹落区经过高塔,所以高塔资料揭示了从环境入流到降雹的边界层气象
要素变化。从个例 2 发生前后(02:30—04:00)塔层逐分钟风向、风速演变(图
5.4.9a)可以看出,02:40—03:05 风速相对较大,风向由偏南转为东南,对应地面流
场分析得出,该时段高塔处于雹暴低层入流区,由于抽吸作用加强,导致风向偏转、
风速增大。02:40—02:45 在 52～159 m 层有超过 2 m·(s·min)$^{-1}$的正变速中心,
风向、风速的变化在近地层表现最明显,这与个例 1 的结果由低层向高层传递有类似
之处。图 5.4.9b 中 02:56—02:58 地面气压达到最低值(1004 hPa),垂直速度总体
表现为上升运动,但也有下沉气流出现,特别是 03:02—03:07,伴随着气压的回升出
现了较强的下沉运动,分析其原因与个例 1 中情况也有类似之处,可能是入流的动力
因子受到某种因素的干扰而出现的短时间波动;03:05—03:36 各层风向、风速变化
不大,塔层整层盛行偏南风,52 m 和 109 m 分别有风速相对低值带,159 m 及以上风
速在 8～11 m·s^{-1}。03:37—03:39 高塔各层风向由西南快速转为西到西北,03:38
塔层各层水平风速快速增加,在 20～232 m 之间出现 2 m·(s·min)$^{-1}$的速度正变
率中心,同时在塔顶 318 m 处观测到 1 m·s^{-1}的上升气流,此时 0.5°仰角雷达图上
65 dBz 的降雹单体强回波中心距高塔还有 8 km 左右(图 5.4.4d)。随着降雹单体的
移动,60 dBz 的 0.5°仰角强回波中心 03:44 位于高塔附近,可以推断 03:44 前后高
塔处应该出现冰雹,冰雹落区移动速度约为每分钟 1.3 km。分析 03:38—03:44 高
塔处逐分钟要素变化,03:39 水平风速、地面气压均达到最大值,高塔上部上升气流

迅速减弱,03:40 转为下沉气流,速度约为 0.5 m·s^{-1}。随着降雹区的推进,03:40 开始塔层水平风速迅速减小,52~80 m 负速度变率中心达到-4 m·(s·min)$^{-1}$, 03:42 塔层风速基本减小到 5.5 m·s^{-1}以下。03:37—03:41 塔层风向风速的剧烈 变化对应着冷出流影响高塔的时段,真正降雹时风速反而降到 5.5 m·s^{-1}以下,说 明冷出流导致了风场的突变。图 5.4.9c 显示风雹过境后各层温度减小,相对湿度增 大,但降温增湿的幅度不大,最大的降温幅度只有 0.2℃·min^{-1},原因是雹暴强度较 弱且正在减弱中。

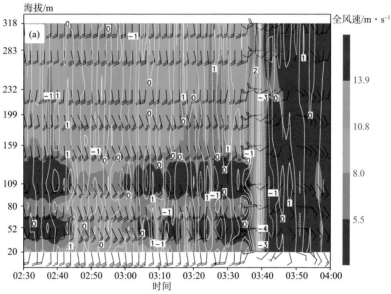

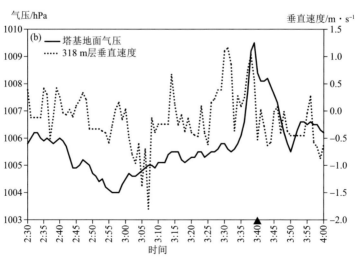

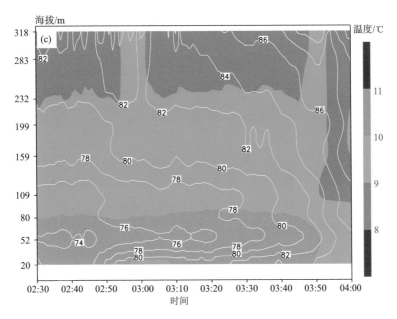

图 5.4.9 2013 年 3 月 22 日 02：30—04：00 高塔站逐分钟各气象要素的时空演变(a,c)及时间变化(b)

(a)阴影区:全风速(单位:m·s⁻¹),等值线:全风速变率(单位:m·(s·min)⁻¹),风向杆时间间隔:2 min,(b)垂直速度正值为上升速度,(c)阴影区:温度(单位:℃),等值线:相对湿度(单位:%),▲:高塔处降雹时间

（3）个例比较和雹暴边界层概念模型

基于个例 2 高塔边界层观测事实,结合个例 1 的观测与分析结果,综合得出:两次冰雹过程中地面流场上都存在伴随着雹暴移动的前侧入流辐合带和后侧下沉气流辐散区,高塔边界层气象要素在入流(高塔处于雹暴环境场中)和出流(高塔处于降雹区)2 个阶段表现出不同的变化特征:入流阶段主要表现为气压下降、气流朝着雹暴中心的方向偏转、风速及辐合加大等,抽吸作用较强时,还能观测到气温下降、相对湿度增大;而出流阶段高塔处则表现出风向突变,风速、气压、相对湿度突增,气温突降等天气要素的剧烈变化,在垂直方向的变化表现出同步性,前出流边界前沿距离雹暴中心 8~10 km,与夏文梅等(2009)分析得到的阵风锋位置与后方强对流系统之间的距离有 5~10 km 类似。根据黄美元等(1999)经典下击暴流低层辐散出流结构理论,图 5.4.10 给出了雹暴边界层概念模型。随着雹暴的移动,高塔处于出流边界的不同位置,图中可以看出逐分钟海拔 52 m 层的水平风、318 m 层的垂直速度、塔基(海拔 20 m)地面气压的变化,出流边界、下沉尾涡的相对位置。03:37 距离高塔约 8 km 的雹暴高压冷出流导致高塔各层水平风速突增和塔顶较明显的上升运动,03:40 之后塔顶观测到下沉气流,期间降雹区移动约 4 km(强回波中心移速约每分钟 1.3 km),因此下沉尾涡应当出现在冷出流边界前沿后约 4 km 处。

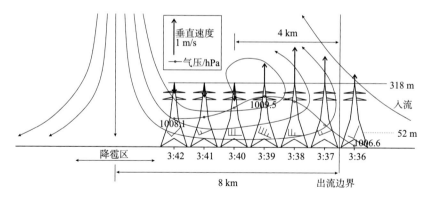

图 5.4.10　雹暴边界层概念模型

（横坐标表示前部冷出流边界经过时高塔气象要素的观测时间）

高塔资料反映两次过程还存在不同：个例 1 高塔资料代表了环境要素变化，热对流发展非常旺盛，抽吸作用较强，所以表现出较明显的从低层向高层逐渐发展的特征；个例 2 是移动性风暴所致，高塔位于环境入流区时边界层的气象要素变化没有个例 1 明显，垂直方向变化在时间上差别不大，但近地层要素变化比高塔上层更明显。

5.4.4　结论与讨论

1）两次冰雹过程发生在不同天气背景下，个例 1 由热对流所致，大气层结存在较明显的条件对流不稳定，冰雹的出现与垂直风切变、充足的水汽辐合条件和热力触发条件密不可分，对流发展极其旺盛，回波顶和强回波中心都非常高，具有深厚的逆风区；个例 2 具有高架雷暴的天气特征，其发生与高空急流、低空强劲的暖湿气流形成"上干下湿"的大气层结和高低空较强的风切变关系密切。

2）雹暴前侧入流辐合带和后侧下沉气流辐散区相对雹暴中心的位置变化不大。雹暴前侧入流区边界层主要表现为气压下降、气流朝着雹暴中心方向偏转、风速及辐合加大等，抽吸作用较强时，还能观测到气温下降、相对湿度增大；而下沉辐散区阶段则表现出风向突变，风速、气压、相对湿度突增，气温突降等天气要素的剧烈变化，雹暴过境时，冷高压出流造成高塔处边界层各层风向、风速同时发生剧烈变化，真正降雹时边界层风速并不强。两次冰雹过程前部冷出流边界前沿距离降雹中心约 8～10 km，其后约 4 km 处形成了下沉尾涡。

3）环境入流区的风向风速变化及气流辐合与雹暴上升支的抽吸作用密切相关。个例 1 高塔处于雹暴前方入流区，表现出环境边界层风速和水平辐合都明显增强，风速、垂直速度和温湿的变化都表现出低层先于高层的特征，临近降雹时由于拖曳削弱了抽吸作用，近地层各气象要素均有 2～3 min 的反向变化；个例 2 高塔处于低层入流区时，塔层的要素变化具有与个例 1 类似的特征，近地层比边界层高层表现更明显。

每次冰雹个例发生发展时间、地点不同，雹暴主体结构和环境场的边界层气象要素表现会有所不同，雹暴上升支的抽吸作用是环境场入流增强的动力，促进了边界层气流辐合,而边界层气象要素的变化也从一个侧面反映了对流发展情况。加强以天气雷达和边界层风廓线雷达等遥感资料对风暴中心结构、以地面高密度观测站网和边界层梯度观测等资料对环境场的分析,将有助于加深对冰雹天气过程的了解和认识。事实上目前国内很多地区都有风能梯度观测,浙江省已经有 10 多个观测点,充分利用现有的探测设备并逐步建立边界层探测站网,形成立体观测体系,融合多种资料构建强对流分析工具,可以提高对冰雹等强对流天气的监测和预报能力。

参考文献

白玉洁,胡东明,程元慧,等,2012.广东天气雷达组网策略及在台风监测中的应用[J].热带气象学报,28(4):603-608.

陈涛,张芳华,宗志平,2012.一次南方春季强对流过程中影响对流发展的环境场特征分析[J].高原气象,31(4):1019-1031.

陈英英,唐仁茂,李德俊,等,2013.利用雷达和卫星资料对一次强对流天气过程的云结构特征分析[J].高原气象,32(4):1148-1156.

戴建华,陶岚,丁杨,等,2012.一次罕见飑前强降雹超级单体风暴特征分析[J].气象学报,70(4):609-627.

端义宏,陈联寿,梁建茵,等,2014.台风登陆前后异常变化的研究进展[J].气象学报,72(5):969-986.

樊李苗,俞小鼎,2013.中国短时强对流天气的若干环境参数特征分析[J].高原气象,32(1):156-165.

范天一,2005.广东沿海地区登陆台风近地层湍流特征及谱分析研究[D].广州:中山大学.

方平治,赵兵科,鲁小琴,等,2013.华东沿海地带台风风廓线特征的观测个例分析[J].大气科学,37(5):1091-1098.

冯晋勤,俞小鼎,傅伟辉,等,2012.2010 年福建一次早春强降雹超级单体风暴对比分析[J].高原气象,31(1):239-250.

郭凤霞,朱文越,饶瑞中,2010.非均一地形近地层风速廓线特点及粗糙度的研究[J].气象,36(6):90-94.

胡尚瑜,宋丽莉,李秋胜,2011.近地边界层台风观测及湍流特征参数分析[J].建筑结构学报,32(4):1-8.

黄嘉佑,2000.气象统计分析与预报方法[M].北京:气象出版社,222-238.

黄美元,徐华英,1999.云和降水物理[M].北京:气象出版社,128-138,173-177.

黄旋旋,何彩芬,徐迪峰,等,2008.5.6 阵风锋过程形成机制探讨[J].气象,34(7):20-27.

井喜,李社宏,屠妮妮,等,2011.黄河中下游一次 MCC 和中-β 尺度强对流云团相互作用暴雨过程综合分析[J].高原气象,30(4):913-928.

李鹏,田景奎,2011.不同下垫面近地层风廓线特征[J].资源科学,33(10):2005-2010.

梁建宇,孙建华,2012.2009 年 6 月一次飑线过程灾害性大风的形成机制[J].大气科学,36(2):316-336.

梁军,陈联寿,吴士杰,等,2007.影响黄渤海域热带气旋的灾害分析[J].自然灾害学报,16(2):27-33.

廖晓农,俞小鼎,王迎春,2008.北京地区一次罕见的雷暴大风过程特征分析[J].高原气象,27(6):1350-1362.

刘健文,郭虎,李耀东,等,2005.天气分析预报物理量计算基础[M].北京:气象出版社:117-119.

刘娟,宋子忠,项阳,等,2007.淮北地区一次强风暴的弓形回波分析[J].气象,33(5):62-68.

刘淑媛,付凯,李环宗,2010.台风"罗莎"低空流场与降水中尺度结构的观测资料分析[J].热带气象学报,26(3):264-272.

刘淑媛,闫丽凤,孙健,2008.登陆台风的多普勒雷达资料质量控制和水平风场反演[J].热带气象学报,24(2):105-110.

刘小红,洪钟祥,1996.北京地区一次特大强风过程边界层结构的研究[J].大气科学,20(2):223-228.

刘一玮,寿绍文,解以扬,等,2011.热力不均匀场对一次冰雹天气影响的诊断分析[J].高原气象,30(1):226-234.

潘留杰,张宏芳,王楠,等,2013.陕西一次强对流天气过程的中尺度及雷达观测分析[J].高原气象,32(1):278-289.

裴宇杰,王福侠,张迎新,等,2012.2009年晚秋河北特大暴雪多普勒雷达特征分析[J].高原气象,31(4):1110-1118.

阮征,葛润生,2002.风廓线仪探测降水云体结构方法的研究[J].应用气象学报,13(3):330-338.

申华羽,吴息,谢今范,等,2009.近地层风能参数随高度分布的推算方法研究[J].气象,35(7):54-60.

盛裴轩,毛节泰,李建国,等,2013.大气物理学[M].北京:北京大学出版社,246-270.

盛日锋,王俊,龚佃利,等,2011.济南"7.18"大暴雨中尺度分析[J].高原气象,30(6):1554-1565.

宋丽莉,毛慧琴,黄浩辉,等,2005.登陆台风近地面层湍流特征观测分析[J].气象学报,63(6):915-921.

苏爱芳,银燕,蔡淼,2012.夏末华北低槽尾部雹云的生成环境和结构特征[J].高原气象,31(5):1376-1385.

谈哲敏,方娟,伍荣生,2005.Ekman边界层动力学的理论研究[J].气象学报,63(5):543-555.

涂小萍,陈正洪,2007.宁波市气温及其变化的若干特征分析[J].大气科学研究与应用,(2):76-83.

涂小萍,姚日升,漆梁波,等,2014.浙江省北部一次灾害性大风多普勒雷达和边界层特征分析[J].高原气象,33(6):1687-1696.

王承凯,2009.风场湍流强度的计算及其对风电机组选型的影响[C]//中国电机工程学会.2008年中国电机工程学会年会论文集.

王华,孙继松,李津,2007.2005年北京城区两次强冰雹天气的对比分析[J].气象,33(2):49-56.

王俊,龚佃利,刁秀广,等,2011.一次弓状回波、强对流风暴及合并过程研究 I:以单多普勒雷达资料为主的综合分析[J].高原气象,30(4):1067-1077.

王俊,盛日锋,陈西利,2011.一次弓状回波、强对流风暴及合并过程研究 II:双多普勒雷达反演三维风场分析[J].高原气象,30(4):1078-1086.

王明筠,赵坤,吴丹,2010.T-TREC方法反演登陆中国台风风场结构[J].气象学报,68(1):

114-124.

王晓芳,胡伯威,李灿,2010.湖北一次飑线过程的观测分析和数值模拟[J].高原气象,29(2):471-485.

王秀明,俞小鼎,周小刚,等,2012."6·3"区域致灾雷暴大风形成及维持原因分析[J].高原气象,31(2):504-514.

王秀明,钟青,韩慎友,2009.一次冰雹天气强对流(雹)云演变及超级单体结构的个例模拟研究[J].高原气象,28(2):352-365.

魏超时,赵坤,余晖,等,2011.登陆台风卡努(0515)内核区环流结构特征分析[J].大气科学,35(1):68-80.

魏凤英,1999.现代气候统计诊断与预测技术[M].北京:气象出版社,77-82.

吴芳芳,王慧,韦莹莹,等,2009.一次强雷暴阵风锋和下击暴流的多普勒雷达特征[J].气象,35(1):55-64.

吴乃庚,林良勋,冯业荣,等.2013.2012年初春华南"高架雷暴"天气过程成因分析[J].气象,39(4):410-417.

吴庆丽,尹福杰,陈敏,等,2002."一一·二四"海难渤海风场的数值模拟[J].自然灾害学报,11(1):85-90.

吴俞,薛谌彬,郝丽清,等,2015.强台风"山神"外围超级单体引发的龙卷分析[J].热带气象学报,31(2):213-222.

夏文梅,慕熙昱,徐芬,等,2009.南京地区初夏一次阵风锋过程的分析与识别[J].高原气象,28(4):836-845.

夏文梅,慕熙昱,徐琪,等,2011.一次阵风锋过程的数值模拟与分析[J].高原气象,30(4):1087-1095.

项素清,2007.一次爆发性东海低压发展引起的海上强风分析[J].海洋预报,24(4):20-25.

肖仪清,李利孝,宋丽莉,等,2012.基于近海海面观测的台风黑格比风特性研究[J].空气动力学学报,30(6):380-399.

肖玉凤,段忠东,肖仪清,等,2011.基于数值模拟的台风危险性分析综述(Ⅰ)——台风风场模型[J].自然灾害学报,21(2):82-89.

许新田,王楠,刘瑞芳,等,2010.2006年陕西两次强对流冰雹天气程的对比分析[J].高原气象,29(2):447-460.

薛根元,俞善贤,何风翩,等,2006.云娜台风灾害特点与浙江省台风灾害初步研究[J].自然灾害学报,15(4):39-47.

杨忠恩,陈淑琴,黄辉,2007.舟山群岛冬半年灾害性大风的成因与预报[J].应用气象学报,18(1):80-85.

仰美霖,刘黎平,苏德斌,等,2011.二维多途径退速度模糊算法的应用及效果研究[J].气象,37(2):203-212.

姚叶青,俞小鼎,张义军,等,2008.一次典型飑线过程多普勒天气雷达资料分析[J].高原气象,27(2):373-381.

叶家东,史斌强,1987.积云对流中扰动压力效应的诊断分析[J].大气科学,11(3):320-330.

尹尽勇,刘涛,张增海,等,2009.冬季黄渤海大风天气与渔船风损统计分析[J].气象,35(6):90-95.

俞小鼎,王迎春,陈明轩,等,2005.新一代天气雷达与强对流天气预警[J].高原气象,24(3): 456-464.

俞小鼎,姚秀平,熊廷南,等,2006.多普勒天气雷达原理与业务应用[M].北京:气象出版社,105-106,122-124,185,197.

张备,尹东屏,孙燕,等,2014.一次寒潮过程的多种相态降水机理分析[J].高原气象,33(1):190-198.

张淮水,刘安国,宋珊,等,1989.海面风的特征分析[J].青岛海洋大学学报,19(2):48-54.

张培昌,杜秉玉,戴铁丕,2001.雷达气象学[M].北京:气象出版社,280-341.

张容焱,张秀芝,杨校生,等,2012.台风莫拉克(0908)影响期间近地层风特性[J].应用气象学报,23(2):184-194.

赵领娣,陈明华,2011.中国东部沿海省市风暴潮经济损失风险区划[J].自然灾害学报,21(5):100-104.

周芯玉,梁建茵,黄健,等,2012.台风"天鹅"、"巨爵"登陆过程风场结构特征的研究[J].热带气象学报,28(6):809-818.

周之栩,2012.基于风廓线雷达资料的暴雪天气过程分析[J].浙江气象,33(3):18-20.

周仲岛,张保亮,李文兆,1994.都卜勒雷达在台风环流中尺度结构分析的应用[J].大气科学(中国台湾),22:163-187.

宗蓉,2009.多普勒天气雷达的阵风锋识别方法探索[D].南京:南京信息工程大学:14.

ATKINS N T,LAURENT M S,2009. Bow echo mesovortices. Part II:their genesis[J]. Monthly weather review,137:1514-1532.

BEAUCHEMIN S S,BARRON J L,1995. The computation of optical flow[J]. ACM computing surveys (CSUR),27(3):433-466.

BLOMGREN P,CHAN T,1998. Color TV:total variation methods for restoration of vector-valued images[J]. IEEE Transactions on Image Processing,7(3):304-309.

BROWNING K A,FOOTE G B,1976. Airflow and hail growth in supercell storms and some implication for hail suppression[J]. Quarterly journal of the royal meteorological society,102(433):499-533.

EMANUEL K A,1986. An air-sea interaction theory for tropical cyclones. Part I:steady-state maintenance[J]. Journal of the atmospheric sciences,43(6):585-605.

FRANKLIN J L,BLACK M L,VALDE K,2003. GPS dropwindsonde wind profiles in hurricanes and their operational implications[J]. Weather and forecasting,18:32-44.

FUJITA T T,1978. Manual of downburst identification for project NIMROD:[R]. Chicago:University of Chicago:104.

FUJITA T T,1981. Tornadoes and downbursts in the context of generalized planetary scales[J]. Journal of the atmospheric sciences,38:1511-1524.

International Electrotechnical Commission,2005. Wind turbines Part1:design requirements:IEC 61400-1[S]. 3rd ed. Geneva:International Electrotechnical Commission.

JOHNS R H,HIRT W D,1987. Derechos:widespread convectively induced windstorms[J]. Weather and forecasting,2:32-49.

JOHNS R H,HOWARD K W,MADDOX R A,1990. Conditions associated with long-lived derechos-an examination of the large scale environments[C]. 16th conference on severe local storms, Kananaskis,AB,Canada,American Meteorological Society:408-412.

LEE W C,JOU B J D,CHANG P L,et al,1999. Tropical cyclone kinematic structure retrieved from single Doppler radar observations. Part Ⅰ: interpretation of Doppler velocity patterns and the GBVTD technique[J]. Monthly weather review,127:2419-2439.

LEE W C,MARKS F D,CARBONE R E,1994. Velocity track display:A technique to extract real-time tropical cyclone circulations using a single airborne Doppler radar[J]. Journal of atmospheric and oceanic technology,11:337-356.

LEMON R L,DOSWELL C A,1979. Severe thunderstorm evolution and mesocyclone structure as related to tornadogenesis[J]. Monthly weather review,107(9):1184-1197.

MCCANN D W,1994. WINDEX—a new index for forecasting microburst potential[J]. Weather and forecasting,9:532-541.

OGURA Y,PHILLIPS N A,1962. Scale analysis of deep and shallow convection in the atmosphere [J]. Journal of the atmospheric sciences,19:173-179.

PARKER M D,JOHNSON R H,2004. Simulated convective lines with leading precipitation. Part I: governing dynamics. Journal of the atmospheric sciences,61(14):1637-1655.

RINEHART R E,GARVEY E T,1978. Three-dimensional storm motion detection by conventional weather radar[J]. Nature,273(5660):287-289.

RUDIN L I,OSHER S,FATEMI E,1992. Nonlinear total variation based noise removal algorithms [J]. Physica D,60:259-268.

SMULL B F,HOUZE R A,1987. Rear inflow in squall lines with trailing stratiform precipitation [J]. Monthly weather review,115:2869-2889.

TUTTLE J D,FOOTE G B,1990. Determination of the boundary layer air-flow from a single Doppler radar[J]. Journal of atmospheric and oceanic technology,7:218-232.

TUTTLE J D,GALL R,1999. A single radar technique for estimating the winds in tropical cyclones [J]. Bulletin of the American Meteorological Society,80:653-668.

VICKERY P J,WADHERA D,POWELL M D,et al,2009. A hurricane boundary layer and wind field model for use in engineering applications[J]. Journal of applied meteorology and climatology,48(2):381-405.

ZHANG J,WANG S,2006. An automated 2D multipass Doppler radar velocity dealiasing scheme [J]. Journal of atmospheric and oceanic technology,23(9):1239-1248.

第6章

宁波舟山港区灾害性
天气特征

　　宁波舟山港是中国大陆重要的集装箱远洋干线港之一,同时是大陆铁矿、原油、液化品和煤炭中转储存基地。2015年货物吞吐量稳居全球第一,成为国内外一线超级大港。宁波舟山港核心港区主要位于宁波北仑—舟山定海之间东西向狭长区域(图6.0),东起虾峙门,西至金塘大桥,包括宁波北仑到舟山六横之间的佛渡水域及甬江内河水道。根据地形及港口区划,上述区域被划分成7片,自西向东分别为:金塘大桥水域、甬江外、甬江内、涂泥嘴以西(大黄蟒到涂泥嘴区域)、穿山水域(涂泥嘴以东区域)、佛渡水域和虾峙水域,其中虾峙水域为核心港区主要进出口航道,金塘大桥水域对船舶吨位和吃水深度有严格要求,港口码头主要位于其余5个区域沿岸。

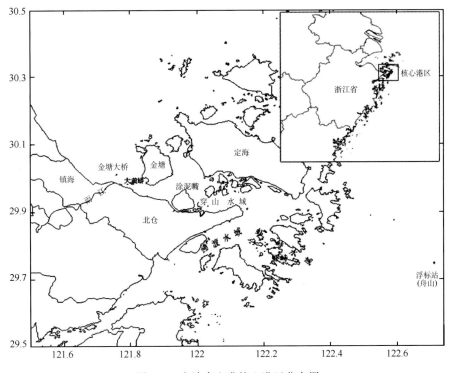

图6.0　宁波舟山港核心港区分布图

　　随着港口吞吐量的不断增长,灾害性天气对于港口的安全生产和经济效益影响日趋明显,港口部门对精细化气象监测和预报服务需求迫切(钱燕珍等,2012)。据宁波舟山港管控资料分析,除灾害性大风外,低能见度是影响港区作业的另一主要灾害。基于2013—2015年宁波海事局和宁波舟山港集团逐日管制影响记录,宁波舟山港区域内自动气象站和舟山浮标站逐时风、气温、湿度、能见度和海温等数据,对港区灾害性天气种类及其时空分布特征进行统计分析。结果发现:影响港口作业的主要气象原因为大雾和大风,2013—2015 年因大雾和大风共导致管制港区管控 354 次,其中大风管控 132 次,占比 37.3%,低能见度导致的港区气象管控占比达 62.7%。

6.1 大风管控特征

宁波舟山港核心港区均可能受到大风管控,由于船舶航行和靠泊时安全风速不同,港口码头大风管制时间明显多于航道水域。表 6.1.1 列出了 2013 年 1 月 1 日—2015 年 12 月 31 日宁波舟山港核心港区大风管制统计结果:5 个港口码头的大风管制中,涂泥嘴以西、穿山水域和甬江口外码头管制时间和管制次数相对多,3 年管控总时数均超过 1100 h,管制次数超过 50 次,最多的是涂泥嘴以西码头,佛渡水域以集装箱码头为主,抗风能力相对较强,故受大风影响较少,而甬江口内码头属内河码头,受大风影响最小,3 年累计管控次数仅 7 次。各水域大风平均每次管制时长均超过 15 h,码头基本在 20 h 左右,单次最长管制均出现在台风影响期间。与大雾管制对比,大风管制频次明显低于大雾管制,但单次平均管制时长却明显大于后者。

表 6.1.1   2013—2015 年宁波舟山港核心港区大风管制统计

	金塘大桥 (水域)	甬江口外 (码头)	甬江口内 (码头)	涂泥嘴以西 (码头)	穿山水域 (码头)	佛渡水域 (码头)	虾峙水域 (航道)
管制次数	27	56	7	76	56	20	13
总管制时长/h	563	1113.7	155.3	1611.1	1281.3	393.8	215.6
单次平均管制时长/h	20.9	19.9	22.2	21.2	22.9	19.7	16.6
单次最长管制时长/h	63.5	63.5	43.0	63.5	63.5	63.5	43.0

大风管控月际分布分析(图 6.1.1a),港区受大风影响季节性明显,6 月最少,7—10 月主要受台风大风影响,其中 7 月和 10 月较多;11—5 月主要受冷空气大风影响,其中 12 月最明显,1—6 月随着冷空气势力减弱,管控时长总体呈减少趋势,以涂泥嘴以西码头下降趋势最为明显,12 月份 3 年累计管控时长约 350 h,6 月仅 24 h 左右。大风管制日变化分析(图 6.1.1b),夜间 22 时—次日 7 时管控时间相对多,白天 8 时—21 时相对少,尤以 3 个受大风影响相对较大的码头(涂泥嘴以西、穿山水域和甬江口外码头)的管制时长日变化表现更为明显,这可能与人为因素有关,由于白天港区和码头作业繁忙,在相同天气系统影响下,港口调度会通过加强与气象等部门的密切沟通,在保障安全的前提下,尽可能减少港区和码头的管控时间。

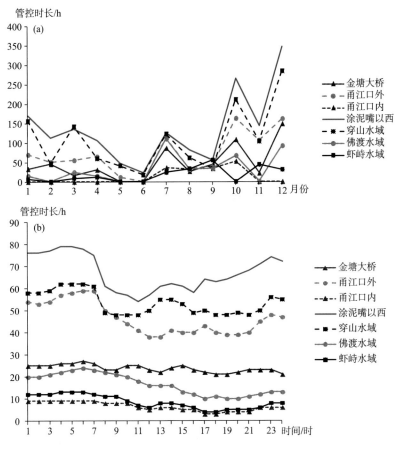

图 6.1.1　核心港区大风管控时长月际变化(a)和日变化(b)

　　管控时段的风玫瑰图分析(图 6.1.2)，除甬江口内码头外，其余港区大风管控时盛行风向主要为西北风，结合大风管制月际分布，影响核心港区的大风主要为冬季冷空气大风。分析还发现，金塘大桥水域最多盛行风向为西北偏北，接近30％，其南侧的甬江口外和涂泥嘴以西港区则为西北风，风速玫瑰图对比，金塘大桥水域西北偏北风的平均风速小于甬江口外和涂泥嘴以西码头区，可能与地形影响有关。图 6.0 可见，金塘大桥水域位于宁波市镇海区和北仑区与金塘岛之间的西北—东南向近海海区北侧，由于地形"喇叭口"效应，西北风经过此地风速得以一定程度的增大，导致"喇叭口"下游的甬江口外和涂泥嘴以西港区风速大于上游的金塘大桥水域，因此管制时间也增多；涂泥嘴以东和佛渡水域受到北面地形阻挡，平均风速略小，同时地形也导致佛渡水域东北风频次明显增多；甬江口内码头受地形影响，没有明显的优势主导风向，东北偏东风频次和风速相对大，这与甬江走向和江堤地形有关。

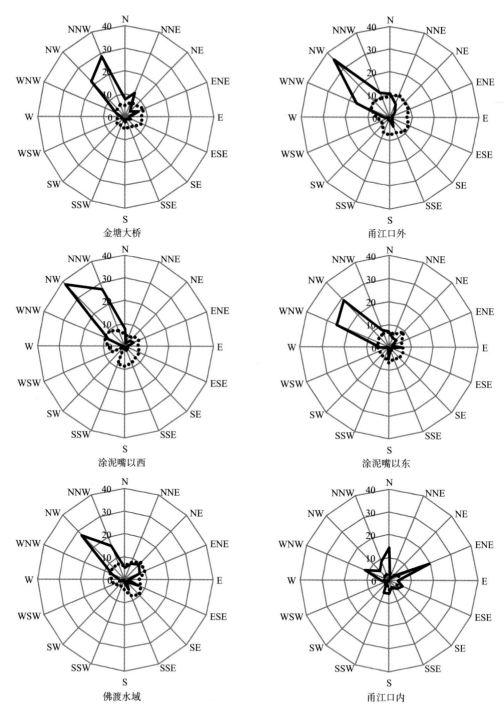

金塘大桥

甬江口外

涂泥嘴以西

涂泥嘴以东

佛渡水域

甬江口内

图 6.1.2　宁波舟山港核心港区大风管制期风玫瑰图

(图中黑色实线为风频率,单位:%,黑色虚线为平均最大风速,单位:m·s⁻¹)

6.2 宁波沿海雾气候特征和港区大雾管控特征

6.2.1 浙江沿海雾气候特征

　　自动气象站能见度监测基本能够代表水平能见度的变化,对沿海大雾的预报服务有较好的参考性。基于2010—2014年逐日自动气象站能见度观测资料,对浙江沿海雾进行了时空分布特征分析。参与分析的沿海能见度观测站点分布见图6.2.1。

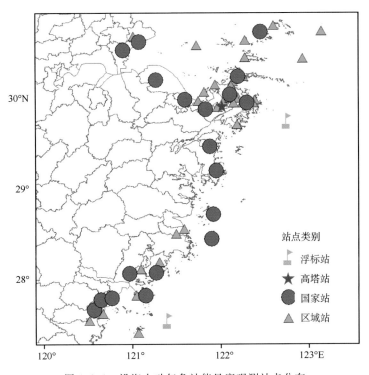

图 6.2.1　沿海自动气象站能见度观测站点分布

　　2010—2014年浙江近海站点自动能见度资料分析发现,每一次大雾过程,出现500 m以下能见度的站点比例不到总站点的10%,1000 m以下站点比例不到15%,表现出大雾过程具有很强的局地性。国家基本站和区域自动能见度站点具有相同变化趋势,一次大雾过程影响站点比例相对较高的月份为2—7月,其中6月最高,平均10%左右的站点会达到500 m以下的浓雾标准,15%左右的站点会出现1000 m以下的雾(图6.2.2),说明6月出现的大雾过程影响站点分布最广,海雾范围最大,但总体而言即使在沿海大雾出现范围最大的6月,每一次雾过程影响的范围仍带有较大的局地性。空间尺度小是雾监测和预报难度大的主要原因。

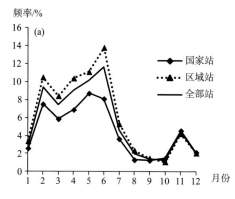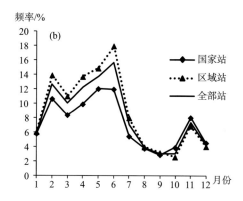

图 6.2.2　2010—2014 年浙江沿海站点雾日出现频率月际变化(a:<500 m;b:<1000 m)

浙江沿海站点出雾概率较高的月份集中在 2—6 月,与所处的地理位置有关。浙江沿海海雾主要为平流雾和锋面雾(周福等,2015),其本质都是当两种热力性质不同的气团交汇时,暖气团的水汽由于降温达到饱和凝结而形成海雾。2—6 月浙江沿海处于由冬季向夏季转换的季节,来自北方的干冷气团和来自南方的暖湿气团容易在中纬度地区交汇,在适当的条件下南方暖湿气团遇冷降温容易在海面形成平流雾。

图 6.2.3a~b 分别为浙江沿海各自动能见度观测站出现小于 500 m 和 1000 m 的雾日出现频率,可见浙江北部沿海站点的雾日出现频率明显高于中南部沿海站点。2010—2014 年浙江沿海 1000 m 以下大雾事件中,中南部站点出现大雾的频次一般不到 10%,而北部站点一般高于 10%。1000 m 以下大雾出现概率超过 20% 的站点共计 6 个,都位于浙北近海(站点位置见图 6.2.1),最远的徐公岛距大陆海岸线 46 km,而 500 m 以下的浓雾出现频率高于 20% 的站点有 3 个,分别为石浦、临城和徐公岛,北仑港区正好位于宁波沿海大雾高频率发生的范围内。浙北近海海雾相对高发与区域内海岛较多有关。浙江沿海雾高发季的 2—6 月,正是由冷转暖的季节,由于海陆热力性质差异,岛屿周围的海表温度总比其邻近大陆近地层气温低,因此同样空气属性,在岛屿附近便比大陆沿岸的凝结机会多,从而使得岛屿雾多于其邻近大陆。另一方面,春夏季节岛屿近地面气温比其周围海面气温高,岛上空气底部受热,大气稳定度减小,空气在岛屿内上升,同时周围海面空气流向岛屿,当从海上吹向岛屿的风接近岛屿时,形成地形斜升运动。空气上升运动容易造成水汽凝结,增加了岛屿成雾机会(马静等,2012),最终浙北近海海区表现为海雾发生的频次最高。

海雾的出现虽然带有较强的局地性,但 2—6 月的浙北近海海区雾产生的环流背景是基本相同的,都是暖气团中的水汽遇冷凝结造成的。研究和分析表明:宁波海雾通常出现在江淮气旋、冷空气影响前和梅雨锋中低涡东移前,有充足的水汽辐合、配合有合适的海—气温差等条件(周福等,2015)。大雾仅发生在边界层内,空间上属于小尺度的灾害性天气,具有较强的局地性,业务监测有很大的难度。精细化预报大雾的生消目前还很难做到,但可以通过个例分析,总结雾生消过程的边界层气象要素变化特征建立预报概念模型,为此类雾的生消预报提供参考。

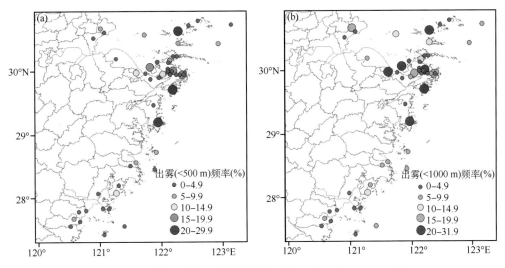

图 6.2.3 浙江沿海站点雾日的年平均频率分布(a:<500 m;b:<1000 m)

6.2.2 港区大雾管控特征

表 6.2.1 列出了 2013 年 1 月 1 日—2015 年 12 月 31 日宁波舟山港核心港区大雾管控统计结果,可见各港区均可能因大雾导致管控,管控时长东多西少、海港多内河港少,海港水域平均每次管控时长≥9 h,内河港口一般 6~7 h,虾峙水域受大雾影响管控时长和次数最多,3 年管控次数达到 133 次,年均管控率 12.1%,平均每次管控时长 9.75 h,佛渡水域其次,甬江口内最少,3 年管控次数 24 次,年均管控率 2.2%。

表 6.2.1 2013—2015 年宁波舟山港核心港区大雾管控统计

	金塘大桥 (水域)	甬江口外 (码头)	甬江口内 (码头)	涂泥嘴以西 (码头)	穿山水域 (码头)	佛渡水域 (码头)	虾峙水域 (航道)
管制次数	54	49	24	47	51	57	133
总管制时长/h	341.2	317.3	166.5	308.0	458.1	542.6	1296.5
单次平均管制时长/h	6.32	6.48	6.94	6.55	8.98	9.52	9.75
单次最大管制时长/h	15.33	15.33	15.33	14.83	32.16	33.67	59.16

各水域管控时长月际变化分析(图 6.2.4a),8—10 月核心港区很少由于低能见度导致管控,其余各月都有不同程度的大雾管控可能,主要集中在 2—6 月,其次是 11 月—次年 1 月,虾峙水域是核心港区各月低能见度管控时长最长的水域。月际变化分析还发现,海港水域的虾峙和佛渡水域管控时长变化呈单峰型,5 月份达到峰

值,其余水域呈双峰型,峰值分别出现在2月和5月,其中金塘大桥和甬江口外12月和1月大雾管控时长增多,跃居成为核心港区管控高发区。大雾管控时长日变化分析(图6.2.4b),全天各个时段都可能出现大雾管控,但主要集中在凌晨到上午,下午到前半夜大雾出现频次渐低,虾岬水域全天都是港区实施大雾管控最多的,3年中管控最多的07时达到86 h,最少的24时也达到33 h,与其他水域的大雾管控峰值时间相当。

综上所述,宁波舟山港区的主要大雾管控月份为2—6月,海港水域呈现出单峰型,5月达到峰值,而内河水域则表现为双峰型,峰值分别出现在2月和5月。日变化分析,港区大雾管控全天都可能出现,但下半夜到上午管控时长相对长,虾岬水域是港区主要大雾管控水域。

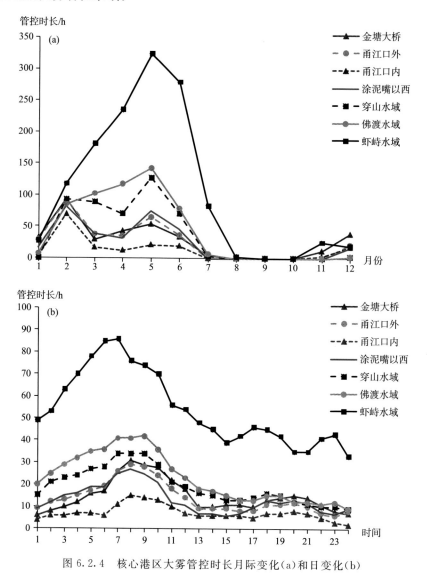

图6.2.4　核心港区大雾管控时长月际变化(a)和日变化(b)

大雾期间,金塘大桥到涂泥嘴以西的港区多以偏北风为主,风速一般在 $3 \text{ m} \cdot \text{s}^{-1}$ 以下,涂泥嘴以东至舟山沿海海面,偏东和偏南风向逐渐增多,且风速逐渐增大,虾峙水域和舟山浮标站监测大雾期间偏南风速可达 $5\sim7 \text{ m} \cdot \text{s}^{-1}$(图 6.2.5)。结合大雾

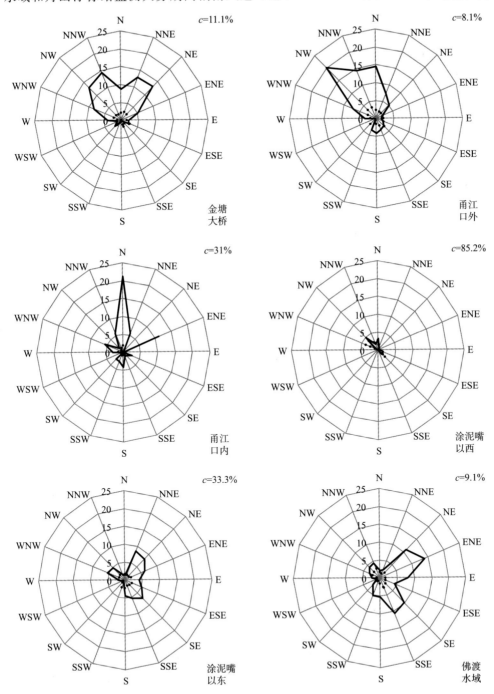

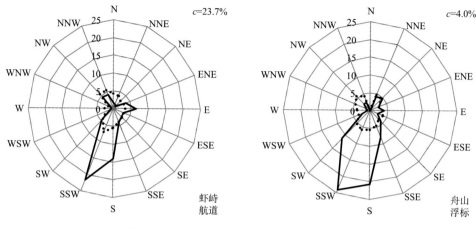

图 6.2.5　核心港区各地大雾发生时风玫瑰图

（图中 c 为静风频率，黑色实线为风频率，单位：%，黑色虚线为 2 min 平均风速，单位：m·s⁻¹）

月际分布特征初步分析，4—6 月随着偏南暖湿气流北抬，核心港区东部至沿海海面一带进入平流雾高发期，强劲的偏南暖湿气流遇到较冷的海水冷却凝结，在宁波舟山近海形成大范围平流雾，导致虾崎水域的大雾表现出在 5 月达到峰值的单峰型特点。暖湿气流进入核心港区后风速减弱，平流雾持续所需的风速条件变差，因此核心港区平流雾自东向西发生概率减少，但西部港区受北方冷空气影响程度高于海港水域，导致西部港区锋面雾和辐射雾更多，大雾呈现出 2 月和 5 月的双峰型特征。

6.3　小结

通过宁波舟山港核心港区管控资料分析发现：

1）港区大雾管控主要集中在 2—6 月，8—10 月很少出现。虾崎水域是大雾管控时长最长的水域。海港水域的虾崎和佛渡水域管控时长变化呈单峰型，5 月份达到峰值，主要受平流雾的影响，而内河水域则表现为双峰型，峰值分别出现在 2 月和 5 月，既可能受到平流雾的影响，也可能受辐射雾、锋面雾的影响。港区大雾管控全天都可能出现，但下半夜到上午管控时长相对长。

2）大风管控时长码头多于航道水域，危险品码头多于集装箱码头，大风管控以冷空气为主，盛行风向为西北风，但单次大风管控最长时间出现在台风期间；大风影响相对集中在后半夜至早晨；受地形影响，西北风时涂泥嘴以西港区风速增大，大风管控增多，而佛渡水域和甬江内港区大风管控相对少，而甬江内受岸堤地形作用东北风增多，风速影响有所增大。

3）港区大风管控时间多于大雾，但佛渡和虾崎水域港区大雾影响明显较多，由于大风管制区分船舶种类，如当涂泥嘴以东码头危险品船舶管制时，散货码头和集装箱码头仍可以作业，而大雾管制针对航道，管制区域内所有船舶都不得靠离泊，所以对于危险品和中小船舶,大风影响明显多于大雾影响,但对于集装箱船舶的影响,大雾影响则居于首位。

参考文献

邓晓云,2015.我国沿海港口雾航的必要性及应对措施[J].中国水运,15(11):60-62,165.

李晓丽,唐跃,范其平,等,2010.PPM方法在马迹山港船舶靠离泊临界值预报中的应用[J].浙江气象,31(4):23-27,34.

马静,于芸,魏立新,2012.东海近海海雾日变化特征及生成的水文气象条件分析[J].海洋预报,29(6):58-65.

钱燕珍,贺芳,2012.宁波市港口气象服务评估和需求调查报告[J].浙江气象,33(2):22-24.

钱之光,2010.宁波港海区雾的成因和特点[J].中国水运,10(3):14-15.

王慧,隋伟辉,2013.基于CCMP风场的中国近海18个海区海面大风季节变化特征分析[J].气象科技,41(4):720-725.

周福,钱燕珍,金靓,等,2015.宁波海雾特征和预报着眼点[J].气象,41(4):438-446.